JN125626

いま、車が変わる

フォルクスワーゲンの経営戦略

高橋浩夫 著

同文舘出版

まえがき

筆者は18歳の大学1年の夏休みに免許をとって以来、かれこれ60年車を運転してきている。時間を見つけてはドライブし、自然の光景に親しむのは最高のリフレッシュである。ドライブしながらその時、その場で感じる光景は自分だけに響く心の安らぎの一コマである。その響きと便利さに魅かれて、今でも車には特別の思いを寄せている。

若いころから車とともに生活があったせいか、車の会社やブランド、自動車産業には興味を持ってきた。特に自動車産業に強く興味を持ち始めたのは、１９７０年代初めに当時ニューヨークにあった日本自動車工業会（Japan Automobile Manufacturers Association：ＪＡＭＡ）の事務所（現在はワシントンＤＣにある）に関係していたときである。ニューヨーク大学経営大学院で研究の傍ら、ＪＡＭＡニューヨーク事務所長（当時）の小西健吉氏に誘われてアメリカの自動車産業の調査を手伝うことになった。

１９７０年代初めといえば日本の自動車の対米輸出が年々高まり、日米貿易摩擦が本格化してきた時期でもある。当時のアメリカにおける日本車のマーケットシェアは約６％であり、それに対する日本におけるアメリカ車の割合は０・01％以下と極端に少ないことが日米貿易摩擦の火種になった。

当時、日本の自動車各社は本格的にアメリカ自動車市場の開拓に乗り出し始めていた。日本の自動車は、初めは「安かろう、悪かろう」と揶揄されたが、改善を重ね次第に「燃費や価格がよく、故障もない」とアメリカの顧客から信頼性を勝ち取り、急速に販売を伸ばしつつあった。世界の自動車産業の中心地であったデトロイトも、日本車の攻勢を受けて変貌の兆しを見せ始めていた。さらに、急速に増え続ける自動車による排気ガスの発生が社会問題化し、新たな環境基準であるマスキー法が制定された。

ニューヨークでの3年間の研究生活で自動車に関わり、日米自動車摩擦、自動車の排気ガス規制という環境問題を現地で経験したことも、その後の自動車産業への関心の原点となった。

また、自身の研究領域である国際経営の視点から見ると、自動車の海外進出は多国籍企業の格好の研究事例である。現場訪問を最大の楽しみとする筆者は、研究を目的として日本および海外の自動車工場を数多く訪問してきた。企業別に挙げると、日産自動車（栃木、座間、追浜、横浜、アメリカ、スペイン）、本田技研工業（埼玉、浜松、アメリカ、ベルギー、イギリス）、マツダ（広島、アメリカ）、スバル（太田）、スズキ（浜松）、トヨタ自動車（イギリス）、フォード（カナダ）、ベンツ（ドイツ）、フォルクスワーゲン（ドイツ）、アウディ（ドイツ）、BMW（ドイツ）である。そこで出会った各社の責任者の方々はもちろん、そこまでの道のりや工場現場での数々の思い出は、今でも心に深く刻まれている。

自動車産業の今日的な問題は、世界のＥＶ（電気自動車）の開発競争である。今は、自動車の概念が変わる一大過度期にある。筆者がニューヨークでＪＡＭＡに関わっていた時代は排気ガス規制が強化され始めた時期であったが、その数十年の間に、排気ガスを抑えたエコカー、ハイブリッドカー、そしてＥＶの開発へと徐々に進化してきた。ところが近年、これをさらに本格化せざるを得ない要因が出てきた。気候変動という問題である。地球温暖化により世界各地で異常気象が起こり、われわれの生活を脅かしている。地球温暖化は排気ガスと関係があることを半世紀前に突き止めたのは、２０２１年のノーベル物理学賞の栄誉に輝いた日本人研究者・眞鍋淑郎博士である。排気ガスの主なる発生源は自動車である。将来の持続できる社会（サステナビリティ）につなぐためには、カーボンニュートラルの自動車を開発しなければならない。こうして、世界の自動車産業は今、目標値を設定し、ＥＶの開発にしのぎを削っている。

経済学者の宇沢弘文氏は、自動車がもたらすさまざまな社会的費用が内部化されていない点を論理的に解明・数値化して警鐘を鳴らした。これまで、自動車の普及に伴うさまざまな社会問題の発生は、結果として自動車インフラの整備へとつながってきた。ところが、ここにきてさらなる「社会的費用」として、地球温暖化という地球規模で解決しなければならない極限の課題が出てきたのである。世界の自動車産業は、自動車の動力源を何に変え、ガソリン車に代わる車を開発していくかが最大の戦略課題となっている。

本書はスイスのネスレ、アメリカのジョンソン・エンド・ジョンソン、日本のＹＫＫに次ぐ、４冊目の事例研究の本である。この研究は、筆者が過去に訪問した世界のエクセレント企業をもう一度振り返るという旅から進んできた。今回も、２０２２年６月から７月にかけてドイツを代表する自動車メーカー、フォルクスワーゲン（ＶＷ）の本拠地であるウォルフスブルグの本社や工場、このほかにメルセデス・ベンツ、アウディ、ＢＭＷの本社や工場を訪問し、ドイツ自動車産業の力強さを肌で感じてきた。

その中で今回ＶＷを取り上げたのには、いくつかの理由がある。第一に、ＶＷは日本では１９４０年代半ばから外車としてはいち早く輸入され、独特のカブトムシデザインの車は日本社会では大きなインパクトとなって今日までそのブランド力を高めてきたこと。第二に、世界最大の自動車メーカーといえば日本のトヨタ、ドイツのＶＷであり、両者はＥＶ開発やグローバル戦略でどのような舵を取っていくのかが世界の自動車業界から今、注目されていること。第三は、筆者の多国籍企業研究の１つにドイツの企業を考えていたことである。

さらに、１９９０年代半ば、筆者は企業調査でベルリンからフランクフルトに列車で向かうことがあった。ベルリンから1時間ほど列車に乗ってウォルフスブルグの駅に途中停車した際、窓越しに見えた高い煙突とシンボルマークであるＶＷロゴが印象に残った（62ページの写真）。ここウォルフスブルグはＶＷ発祥の地であり現在の本社工場である。それまで自動車会社への訪問をいくつか行ってきた筆者は、いつかはここに行ってみたいとの思いがあった。

このようなことで、本書は特にフォルクスワーゲンに焦点を当てながら、自動車産業の未来を探ってみたい。

また、いつもながら所属している日本経営倫理学会、多国籍企業学会、国際ビジネス研究学会、実務家の研究会である一般社団法人企業研究会の「経営戦略担当幹部交流会議」での議論が参考になっていることに、改めて御礼の言葉を述べたい。

最後に、今回も同文舘出版取締役編集長の青柳裕之さん、専門書編集部の高清水純さんにお世話になった。特に高清水さんには専門的視点からのアドバイス・資料の細かい確認の労をとっていただいたことに心から感謝したい。

高橋浩夫

目次

第5章 フォルクスワーゲンの現在の経営体制

第6章 フォルクスワーゲンの中国戦略

第7章 ドイツの自動車会社を訪ねて

第8章 日本でのフォルクスワーゲン

第9章 ヨーロッパにおける日本の自動車産業

第10章 グローバルで見たフォルクスワーゲンとトヨタ

いま、車が変わる
フォルクスワーゲンの経営戦略

第1章

100年に一度の自動車の挑戦

SDGsとの関連性

1　今、なぜサステナビリティなのか

近年、「サステナビリティ」が社会の各分野で課題になっている。英語では“Sustainability”、つまり「持続性」である。企業は基本的に継続し発展し続けなければならないことから、経営学では「継続企業体」（Going Concern）という。持続性も継続性も意味は同じで、経済活動を次へと持続させることは当然のことと考えられてきた。では、今なぜサステナビリティが社会的課題となっているのであろうか。

サステナビリティをめぐる議論の根底にあるのは、今の社会において持続性が危ぶまれる問題がさまざまな形で世界各地に広がっているからである。近年来、地球規模での経済活動が活発になり、世界経済は活性化し豊かな社会を実現するかのように思われた。しかし、他方に目を転ずると国家間の経済格差、貧困問題、行き過ぎた市場競争がもたらす環境破壊や気候変動、競争に勝ち抜くための過酷な労働、人権問題など、持続性を危ぶむ課題が噴出している。

これらの問題への解決に向けて世界が大きく動くようになったきっかけは、２０１５年に国連で採択された持続可能な開発目標（Sustainable Development Goals：ＳＤＧｓ）である。経済の持続的成長、社会、環境について取り組むべき問題が17の目標と１６９のターゲットにまとめられており、これらは発展途上国、新興国、先進国にかかわらずすべての国が共有しなければならない普遍的目標である。

それまでは、企業の社会的責任（Corporate Social Responsibility：ＣＳＲ）が問われたが、これは“Corporate”という企業活動を念頭に置いていることに対し、ＳＤＧｓはそれをも包含した広範囲な社会的課題を含んでいる。今、企業の取り組みがＣＳＲからサステナビリティに変わってきているのは、企業活動を持続させるためにはＣＳＲよりも広い領域で社会との関わり合いを捉える必要があるからである。その羅針盤といえるのがＳＤＧｓの17目標である。

この17目標は、社会の中で活動するすべての組織体がそれぞれに関連する立場からこれらの目標達成に近づくことを目指している。自動車業界では、達成すべき目標として7番目の「エネルギーをみんなに　そしてクリーンに」、9番目の「産業と技術革新の基盤をつくろう」、12番目の「つくる責任　つかう責任」が主に挙げられている。[1] これらの目標は、次世代を見据えた技術革新に関わるものであるが、同時に13番目の「気候変動に具体的な対策を」にも関係してくる。

この背景にあるのは、地球規模での工業化社会の進展により化石燃料の使用量が拡大したことである。石炭、石油、天然ガスなどの化石燃料は二酸化炭素を排出する。二酸化炭素の排出による気候変動は干ばつ、大洪水、海水温の上昇、熱波による人体への影響等、まさにわれわれが日常的に接する今日的課題となっている。そのため、二酸化炭素を主とした温室効果ガスの排出量と吸収量をプラスマナスゼロにする「カーボンニュートラル」が、今緊急の課題となっている。風力や太陽光による発電や、ガソリン車から電気自動車（Electric Vehicle：ＥＶ）へのシフトは

1　日経リサーチ「IT、金融、自動車…期待される業界別17目標とは」（2021年5月31日）（https://service.nikkei-r.co.jp/report/brand_id90）

ＳＤＧｓに沿ったイノベーションの取り組みといえる。このような社会的背景のもとで自動車の概念も１００年に一度の大変革の中にある。

＊ＳＤＧｓの17目標
1．貧困をなくそう（あらゆる場所のあらゆる形態の貧困を終わらせる）
2．飢餓をゼロに（飢餓を終わらせ、食料安全保障及び栄養改善を実現し、持続可能な農業を促進する）
3．すべての人に健康と福祉を（あらゆる年齢のすべての人々の健康的な生活を確保し、福祉を促進する）
4．質の高い教育をみんなに（すべての人々への、包摂的かつ公正な質の高い教育を確保し、生涯学習の機会を促進する）
5．ジェンダー平等を実現しよう（ジェンダー平等を達成し、すべての女性及び女児の能力強化を行う）
6．安全な水とトイレを世界中に（すべての人々の水と衛生の利用可能性と持続可能な管理を確保する）
7．エネルギーをみんなに　そしてクリーンに（すべての人々の、安価かつ信頼できる持続可能な近代的エネルギーへのアクセスを確保する）

8. 働きがいも　経済成長も（包摂的かつ持続的な経済成長及びすべての人々の完全かつ生産的な雇用と働きがいのある人間らしい雇用を促進する）
9. 産業と技術革新の基盤をつくろう（強靭なインフラ構築、包摂的かつ持続可能な産業化の促進及びイノベーションの推進を図る）
10. 人や国の不平等をなくそう（各国内及び各国間の不平等を是正する）
11. 住み続けられるまちづくりを（包摂的で安全かつ強靭で持続的な都市及び人間居住を実現する）
12. つくる責任　つかう責任（持続可能な生産消費形態を確保する）
13. 気候変動に具体的な対策を（気候変動及びその影響を軽減するための緊急対策を講じる）
14. 海の豊かさを守ろう（持続可能な開発のための海洋・海洋資源を保全し、持続可能な形で使用する）
15. 陸の豊かさも守ろう（陸域生態系の保護、回復、持続可能な利用の推進、持続可能な森林の経営、砂漠化への対処、ならびに土地の劣化の阻止・回復及び生物多様性の損失を阻止する）
16. 平和と公正をすべての人に（持続可能な開発のための平和で包摂的な社会を促進し、すべての人々に司法へのアクセスを提供し、あらゆるレベルにおいて効果的で説明責任のある包摂的な制度を構築する）

17．パートナーシップで目標を達成しよう（持続可能な開発のための実施手段を強化し、グローバル・パートナーシップを活性化する）

2 自動車社会への警告―自動車の社会的費用とは

今から約半世紀前に『自動車の社会的費用』（1974年初版、岩波新書）を著したのは当時東京大学教授だった宇沢弘文である。宇沢はその後、日本で一番ノーベル経済学賞受賞に近い経済学者とされてきた。

宇沢の功績は、自動車がもたらすさまざまな「社会的費用」を数値化し、社会に警鐘を鳴らしたことにある。社会的費用とは、自動車の所持や使用に伴いさまざまな公共財を使うというコスト（費用）である。本来、自動車の所有者あるいは運転者は、そうした社会的費用を負担しなければならないはずであるが、それを歩行者や住民に転嫁し、わずかな代価を支払うだけで自動車を利用することができてきたと宇沢は指摘する。自動車を利用すればするほど便利で利益になることが、近代以降、自動車需要の拡大につながってきた。この自動車文明の波は、それまで自動車がなかった未開発地域にも波及した。特に1989年のベルリンの壁崩壊後は旧社会主義国も市場経済体制となり、競争経済を強化するため、自動車の生産やその利用を加速化させる体制へと変わった。しかし、この地球規模での自動車の普及により、社会はその便利さと引き換えに排気ガスという人体への悪影響はもとより地球温暖化という環境問題の究極点に立たされることになった。

この課題はまた、今日経済学で取り上げられている「社会的共通資本」（Common Capital）の問題でもある。宇沢によると、社会的共通資本とはわれわれが生活する上で共有する資本であり、重要な構成要素として、自然環境（大気、森林、河川、水、土壌など）、社会的インフラストラクチャー（道路、交通機関、上下水道、電力、ガスなど）、制度資本（教育、司法、金融制度など）の３つに大きく分けられるとしている。

どの分野の社会的共通資本も、破壊はたやすいが再建しようと思えば大きな困難を伴う。工業化の進展によって生じる自然環境破壊は、今や大きな社会的費用を伴う課題としてわれわれに降りかかってきた。自動車の場合、この社会的費用を削減するためのエンジン開発、車体の軽量化、環境に配慮した部品の開発などの取り組みを行ってきた。

しかし、ここ数年、各国政府が年限を定めて自動車各社にガソリン車に代わる新世代の自動車開発を要請している。環境規制に厳しいＥＵでは、２０３５年にはこれまでのようなガソリン車は走れなくなるのである。世界の自動車各社は今や争うようにＥＶの開発を行っている。車の心臓部であるエンジンそのものが変わることによる波及効果は、社会全体へと影響を及ぼす。産業革命にせよＩＴ革命にせよ、革命とは社会全体の仕組みを変えるのである。内燃機関から電気によってモーターで走る自動車という構造の変化は、次世代自動車革命の出発点になっていると捉えることができる。

地球温暖化への対策は、自動車だけではなく工業化を推進してきたあらゆる領域で問われている。阻止するためのアクションを今とらなければ、次の世代、そしてさらに次の世代へと社会の発展を持続することができない。これが今日の「サステナビリティ」(Sustainability)の課題であり、国連の掲げるSDGsの世界的取り組みである。

3 排気ガス規制の始まり

(1) カリフォルニアのマスキー法

1960年代から1970年代にかけて、アメリカでは自動車の排気ガス規制が厳しくなった。ニクソン大統領の下で環境保護庁(Environmental Protection Agency:EPA)の長官だったラッケルハウス(William Ruckelshaus:1932-2019)の発する排気ガス政策には多大の関心が寄せられていた。全米の中でも特にカリフォルニアは自動車による排気ガス問題への市民の関心が強く、1967年には独自の排気ガス規制を施行していた。その3年後には、連邦政府による排気ガス規制である大気浄化法改正法、通称マスキー法が制定された。

マスキー法は、上院議員であるエドモンド・マスキー(Edmond Muskie:1914-1996)が提案したことにちなんでいる。この時期は、アメリカにおける日本車の排気ガス規制にも直接関係する大きな転換期でもあった。１９７０年代初頭といえば、アメリカにおける日本車の人気が高まり、日米における貿易摩擦が本格化するころである。特に対米輸出の主役であったトヨタ自動車（以下、トヨタ）、日産自動車（以下、日産）は販売拠点をロサンゼルスに置き、カリフォルニアでは多くの日本車が走り始めていた。

カリフォルニアはロサンゼルス、サンフランシスコ、サンディエゴなどの大都市があり、アジア系の移民も多く住んでいる州である。特にロサンゼルスはなだらかな丘陵地帯に面して多くの住民が居を構えている。しかしそこから中心部に通うための鉄道、地下鉄などの公共交通機関の発達が遅れたことから、ほとんどの人が車を利用している。高速道路（フリーウェイ）でも1人で乗っていることが多い。そこで、5つぐらいあるレーンのうち、2人以上で乗っている車が優先的に走れるレーンを設けている。複数人乗って走らせることにより台数をできるだけ減らそうという狙いである。公共交通機関などの活用も推進しているが、それでも朝夕のラッシュ時には車が渋滞し、その分大量の排気ガスが発生する。

また、カリフォルニアは年中を通じて温暖で開放的であり、野外を好む人が多い。そうしたこともあり、大気汚染など環境に対する市民の意識は他の州に比べ極めて高い。他にも、カリフォルニアは太平洋に面し、そこから流れてくる大気がロッキー山脈でせきとめられる地理的条件にあるために汚れた大気が滞留しやすく、長く自動車の排気ガスによる大気汚染に悩まされてきたという経緯もある。

多くのメーカーがマスキー法による排気ガス規制に反発する中、日本の本田技研工業（以下、ホンダ）は規制に対応する車作りにいち早く取り組み、「シビック」を発売した。このことはホンダをアメリカ市場でのブランド力を高める契機となったともいえる。

マスキー法の施行後、各自動車メーカーの足並みは揃わず政治的な思惑もあって、すべてが徹底されたわけではなかった。しかし、その後も自動車の排気ガス規制に関していつも先頭に立ってきたのはカリフォルニア州であった。その背景には、先に述べたような排気ガスと日常生活との無視できない関係がある。

(2) ゼロエミッション車の義務化

近年来、「エコカー戦争」といって世界の自動車メーカーは排気ガスを抑えた車の開発にしのぎを削っている。エコカーとはガソリン車に代わる電気自動車や水素ガス自動車であるが、いくつかのタイプに分かれる。

大きくはＦＣＶ（Fuel Cell Vehicle：燃料電池車）、ＥＶ（Electric Vehicle：電気自動車）、そして、エンジンとバッテリーの両方を有するＨＥＶ（Hybrid Electric Vehicle：ハイブリッド車）である。

ＦＣＶは燃料が水素、ＥＶは燃料が電気であるため、どちらも排気ガスは出さない。しかし、ＥＶは充電が切れるまでの走行距離が、約１００～２００キロメートル台（日産の最初のＥＶ

「リーフ」は２００キロ台）であった。最新の日産の新規開発車は３００キロ台といわれるが、従来のガソリン車と比べると心もとない。

一方、ＦＣＶの走行距離は、トヨタの「ミライ」は６５０キロ、ホンダの「ＦＣＶクラリティ」は７５０キロであり、ＥＶとは格段の差がある。ＦＣＶが「究極のエコカー」といわれる所以である。しかし、水素は引火しやすく貯蔵が難しいという難点がある。

２０１０年に日産が世界に先駆けて電気自動車を世に出した後、世界中の自動車メーカーがエコカー開発に力を注いできたが、この動きを本格化させたのは、カリフォルニアが２０１８年に制定した次期ＺＥＶ規制である。ＥＶやＦＣＶなどのＺＥＶ（Zero Emission Vehicle：ゼロエミッション車）といわれる自動車の販売が義務化されたのである。これにより、従来は単に排気ガスがクリーンな自動車やＨＥＶ（ハイブリッド車）もＺＥＶ対象のエコカーとされていたが、対象として認められなくなった。

したがって、エコカーとして人気のあったトヨタの「プリウス」も、その対象ではなくなるのである。新車の開発には通常４年ほどはかかるため、次期ＺＥＶ規制に向けて世界の自動車メーカーが一気にエコカー開発を進めている。

4 EVをめぐる世界の動き

車のエンジンは、ガソリンを燃焼させて動かすことで二酸化炭素を空気中に排出することから、健康被害や気候変動の原因にもなっている。それをできるだけ抑えて開発されたのが、低燃費の車やハイブリッド車、電気自動車である。日産のEV「リーフ」やトヨタのハイブリッド車「プリウス」は、日本の自動車技術の最先端を物語るものである。1970年代にカリフォルニアの排気ガス規制を初めてクリアしたのもホンダの「シビック」であり、日本の自動車技術はこれまで世界に先駆けてエコカーの開発を行ってきた。

ところが、この排気ガスをめぐる問題は地球規模の問題となり、このような危機感に対して各国政府は車の排気ガス規制へと急速に動き出した。それに伴い、世界の自動車メーカーによる「EV開発競争」が起こったのである。

EVといってもいろいろあるが、これは完全に電気で走る車が前提であり、ガソリンと併用するHEVは含まれない。リーフは世界で初めての本格的EVであるが、走行距離や充電インフラの問題から普及は限定的に留まっている。プリウスは世界に普及したが、今後はEVには含まれなくなるため、新たなEV開発が強いられている。

EVはガソリン車と違ってシンプルである。ガソリン車の場合、エンジンの部分は複雑だがEV

はそれがない。複雑なエンジンに代わって電気で動くために、電池の開発が最大の課題である。見方を変えると、車の心臓部が電池に変わるため、電池の開発で先行すれば自動車産業に参入できるのである。現に、これまで自動車メーカーではなかったベンチャー企業のアメリカのテスラや中国のBYDが急速な勢いで参入してきている（第6章参照）。

今、世界の自動車業界はいかに走行距離が長く、短時間での充電ができ、パワーのある車を開発できるかに力を注いでいる。エンジンから電気への変革は時間がかかるため、そのプロセスをスキップして新しい技術に挑戦する方が早いといえる。欧米をしのぐ勢いで、中国はこの分野で世界の最先端を走っている。かつて中国の自動車メーカーはそのほとんどが日米欧の自動車メーカーとの合弁で始まったが、今や世界で最大の自動車生産販売台数を誇っている。ガソリン車では欧米メーカーの後れをとっていたため、EVの開発を国家政策として後押しし、結果として今、中国で走る自動車のうちEVの割合が15％というEV先進国になっている。これは、日本ではやっと1・5％になった（2022年）のとは大きな違いである。

試算によると、中国の小型EVの場合、自宅で充電設備を使って夜間に充電した場合、1キロの走行コストは0・05元、日本円だと約1円である。小型のガソリン車に比べても10分の1ほどである。

こうしたことからすると、EVは本来この強みを最大限活用し、「日常の足」として誰でもどこでも簡単に使える道具として活用することができよう。

ただ、現時点での問題は、充電に時間がかかることと充電場所が限られていることである。ガソリン車だと、スタンドで5分ほどで給油が済むが、ＥＶは充電に時間がかかり、充電できる場所もまだ限られている。ドイツなどでは、ＥＶの充電設備はガソリンスタンドに併設され、住宅地、駐車場、マンション、ショッピングセンター等にもある。日本でもガソリンスタンドに併設しているところはあるが、その他のところはまだ少ない。２０２３年3月、東京都はＥＶの普及に向けて充電設備を集合住宅に敷設すべく補助金の活用を促した。ＥＶの普及には官民一体となって取り組まなければならない。

ＥＶのデメリットとして、ガソリン車と比べて高速走行や暖房に弱いということもある。ガソリン車であれば高速道路を一定の速度で走ることができ、寒いところでも暖房が効くが、ＥＶにおいてそれを完璧にする技術はまだ確立されていない。

また、資産価値がどうなるかも課題がある。ガソリン車であれば、買え換えのときに一定の価値で評価され中古車となっていくが、ＥＶの場合はそれがどのような形で評価されるか、また中古車としての需要がどれほどあるかが明確でなく、課題となっている。

第2章

世界の自動車産業を俯瞰する

1 主要国の自動車産業

(1) グループ化の動き

日本経済の高度成長期に鉄鋼業が基幹産業であったとき、「鉄は国家なり」とまでいわれ鉄鋼業界が経済活動の中心的役割を果たしていた。アメリカでは自動車がアメリカを代表する産業であったとき、世界最大の企業であったＧＭ（General Motors）のＣＥＯが「ＧＭにとって良いことは、アメリカにとっても良いことだ」とまで言った時代があった。１９７０年時代のＧＭは世界最大の企業であり、ビッグ3といわれたＧＭ、フォード、クライスラーの本拠地であるデトロイトはアメリカの繁栄の象徴的工業都市であった。自動車は数万点の部品によって作られているため、それを支えるサプライヤーの裾野が広い。自動車が売れれば裾野産業も潤ってくる、今でもアメリカでは自動車の売れ行きが経済のバロメーターである。

自動車産業の裾野というと、鉄鋼、金属、軽金属、ガラス、ゴム、プラスチック、革などの石油化学品、半導体などの原材料、鋳造などの加工技術、電子機器の制御を行うコンピューターソフトなどは自動車生産に直接関連する。しかし、裾野はこれだけではない。自動車の広告宣伝を行うマスコミや販売を行う自動車販売店のほか、運輸業、ガソリンスタンドや自動車整備業、道路建設や整備、自動車保険、自動車教習所、運転免許の作成更新、駐車場の整備、レンタカー、道の駅の整備など多岐にわたる事業が含まれてくる。

それでは、今世界の自動車産業はどのようになっているのか。大きな流れを俯瞰すると、主要な自動車生産国と代表的な自動車メーカーは次のとおりである。

●アメリカ：ゼネラルモーターズ（GM）、フォード、フィアット・クライスラー
●ドイツ：フォルクスワーゲン・グループ（アウディ含む）、BMWグループ、メルセデス・ベンツ・グループ
●フランス：ステランティス（PSA：ルノー、プジョーシトロエン他とクライスラー）
●イタリア：フィアット（フェラーリはこの傘下）
●イギリス：多くは外資系の傘下となっている
●韓国：現代自動車グループ（傘下に起亜自動車）
●インド：タタ・モーターズ（傘下にジャガー、ランドローバー等）
●中国：独立系：長城、奇瑞、BYD（比亜迪）
外資企業との共同：東風汽車、上海汽車、第一汽車
●日本：トヨタ、日産、ホンダ、マツダ、スバル、スズキ、三菱自動車、ダイハツ

近年、自動車メーカーの仲間入りをしたステランティス（Stellantis）は２０２１年にＰＳＡとフィアット・クライスラーが統合してできた会社で、世界の自動車生産台数・販売台数で上位にランクインされている。

(2) 主要自動車メーカーの資本系列

資本系列から見ると、自動車大国のアメリカでは、かつては世界に君臨するビッグ3といわれたが、クライスラーはイタリアのフィアットと統合、さらに２０２１年６月にフランスのＰＳＡと統合しステランティスとなった。ＧＭは一時国有化されていたが２０１６年には再生し、今は国の出資はなくなった。フォードはフォード家が安定株主であり、クライスラーはフィアットグループのアニェッリ家が安定株主である。

ドイツはフォルクスワーゲン・グループの創立者となるフェルディナント・ポルシェ氏の子孫であるポルシェファミリー（ピエヒ家、ポルシェ家）が安定株主であるが、他にはＶＷの創立の地であるウォルフスブルグ市の地元市庁であるニーダーザクセン州、中東のカタール投資庁も資本参加している。ＢＭＷはミニ（ＭＩＮＩ）、ロールス・ロイス（Rolls-Royce）を傘下に持ちクヴァント家が安定株主である。メルセデス・ベンツ・グループはクウェート国営石油会社の傘下の投資機構が安定株主である。

フランスのルノー（Renault）はフランス政府が安定株主である。ルノーと提携した日産は相互に株を持ち合いしている。ＰＳＡ（プジョー、シトロエン他）はプジョー家が安定株主である。

このように見ると欧米の自動車メーカーはファミリーか、国家か、中東の石油関連会社が主要な株主になる。

これに対し、日本の自動車メーカーはそのルーツが創立者であるファミリーであっても、今はそれぞれ独立し一般株主の下で経営されている。トヨタ、スズキはファミリーブランドであるが持株比率は高くない。ホンダは一般株主が多い。マツダは住友グループと関係が強く、三菱自動車は三菱グループが支えてきた。スバルはトヨタが16％強の株を保有している。日産は経営危機に陥りルノーとの提携で再生した。

中国は１９７０年代からの鄧小平による「改革開放」政策後、自ら立ち上げた独立系の自動車メーカーの国有企業と外資との合弁によって成長してきた企業がある。今、中国最大の自動車メーカーといえばＶＷとの合弁会社（上海大衆汽車）を設立している上海汽車集団（上汽集団）である。

インドのタタ・モーターズはタタ財閥の下でイギリスのジャガー、ランドローバーを傘下に高いブランド力で伸びてきている。

韓国の現代自動車は起亜自動車も傘下に持ち、創立者の鄭ファミリーが安定株主である。

(3) 世界の自動車会社の販売状況

世界の国別／グループ・ブランド別の年間の販売台数比率（図表2－1）で見ると、２０２１年

図表2-1　国別・グループ／ブランド別自動車販売構成（2021年）

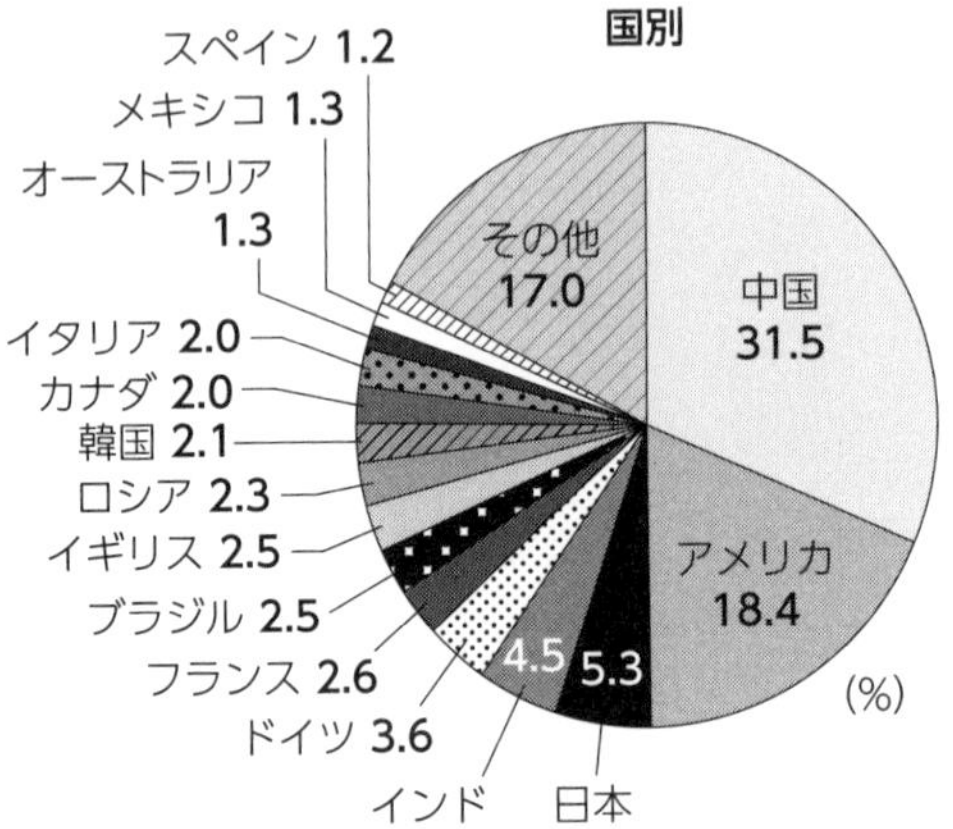

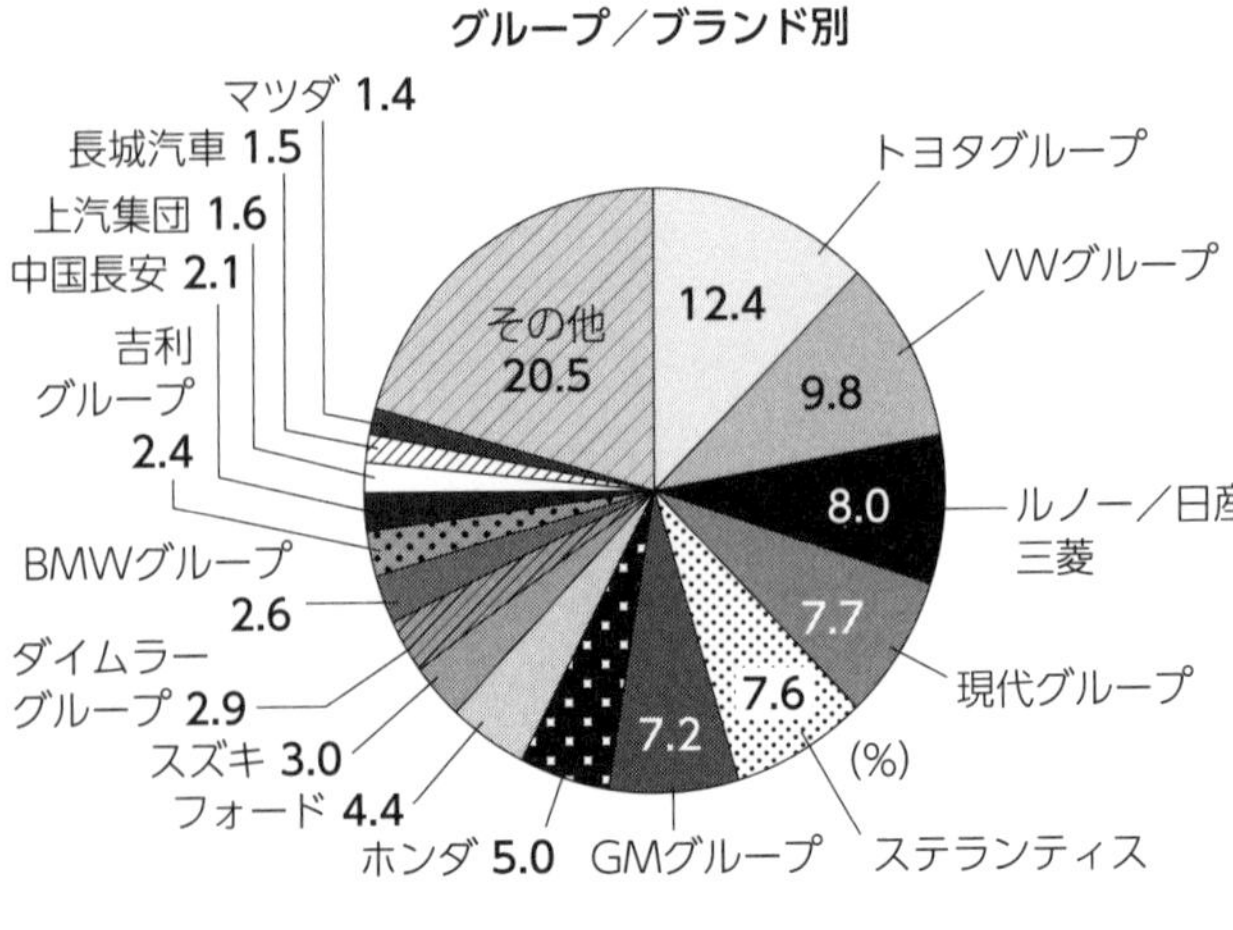

出所：FOURIN『世界自動車統計年刊 2022』。

図表2-2　世界自動車販売ランキング（2022年）
（単位：万台）

順位	社名	販売台数	（前年比）
1	トヨタ自動車グループ	1,135	（+9%）
2	VWグループ	888	（−5%）
3	日産、ルノー、三菱自動車グループ	768	（0%）
4	現代自動車グループ	665	（+5%）
5	GM	600	（−13%）
6	ステランティス	538	（−13%）
7	ホンダ	448	（+1%）
8	フォード	372	（−12%）
9	スズキ	276	（+13%）
10	BMWグループ	272	（+8%）

出所：日本経済新聞、2023年1月29日。

の場合、国別では最大の販売国では中国31・5％、アメリカ18・4％、日本5・3％、インド4・5％、ドイツ3・6％の順になり、中国やアメリカが大きな販売マーケットである。人口比で考えると中国約14億人、アメリカ約3億3000万人であるから、潜在市場としての可能性は中国が断然高いといえよう。

グループ・ブランド別で見ると、トヨタ：12・4％、VW：9・8％、ルノー・日産・三菱グループ：8・7％、現代：7・7％、ステランティス：7・6％となり、トヨタ、VWの割合が大きい。

ちなみに2022年の世界の自動車の販売台数（図表2－2）を見ると、トヨタが1位、VWが2位である。

2 自動車産業における戦略的提携

(1) 提携の要因

1980年代初めまで、産業界において「提携」(アライアンス：Alliance) は日常的な言葉ではなかった。しかし1990年代になってから、企業間提携が言われ始めた。これは「戦略的提携」と呼ばれ、同業社間で競争してはいるが、他の部分では協調することである。長期的に見て両社が提携することによる相乗効果への期待が「戦略的提携」を行う動機である。ただ、戦略的提携は互いの強みを発揮し相乗効果を生む場合もあるが、お互いの利害が衝突して提携解消を余儀なくされる場合もある。

自動車メーカーが戦略的提携を行う形態はさまざまである。まず、提携といっても資本の出資を伴う場合とそうでない場合がある。経営が難しくなった企業に対し、資本参加による財政的支援を基本に、提携によって相手企業の再建に取り組むこともある。他方で、資本出資を伴わない販売提携や技術提携、生産提携などの「緩やかな提携」(ソフトアライアンス) もある。

しかし、世界の自動車メーカーの提携は多くの場合、資本の出資を伴う「固い提携」(ハードアライアンス) である。自動車はもともと大きな資本を伴う大規模な産業分野であり、長期的な展望の中でその成長の推移を捉えなければならない。このような展望に立つと、１９７０年代から急速に成長してきた自動車産業も、１９９０年代になると日欧米を中心に成熟市場になり始め、企業間競争は厳しくなっている。生産しても販売できなければ収益が生まれないし次の新車開発もできない。さらに１９９０年代ごろから、環境問題に対する世界的な流れの中で自動車の排気ガス問題が急速にその緊要な課題になってきた。排気ガスの少ないハイブリッド車や電気によるＥＶの開発が自動車業界の戦略的課題になってきた。この開発には多大な研究開発投資が必要である。将来はＥＶが自動車の主流となると考えると、多大な研究開発投資を個別に考えるのではなく産業界全体の戦略的課題として捉える必要がある。そのためには互いに競争しながらも他社との提携による次世代自動車の開発が課題である。

また、自動車は何万点もの部品から成り立つ製品である。１台の車を作るには、タイヤ、窓ガラス、ヘッドランプ、座席のシート、計測器、その他の細々した部品は数えきれないほどだ。多くの自動車メーカーは、これらの部品の多くを部品メーカーから買っている。ただ、車の心臓部である「プラットフォーム」といわれるシャシーやエンジンは自前の技術による独自開発である。しかし、このプラットフォームの部分でも互いに共有できる部分があれば、提携することによる生産コストの削減につながる。

また、車でも大型車、中小型車、スポーツタイプの車、高級車、中級車、大衆車があり、市場もアメリカ、ヨーロッパ、アジア、中国など各国の顧客に強い車など、細分化していくと多種多様な形で対応しなければならない。それらの車種や市場を細分化すると、互いが戦略的に提携することによる競争力の強化につながることになる。今、世界の自動車メーカーはこれから50年先、100年先を見据えた戦略的提携という合従連衡の中にある。これらが、今世界の自動車業界の中にある戦略的提携の流れである。

(2) 日産のケース

VWは一時日産自動車と技術提携して、「サンタナ」を生産し、日本市場で販売していた。車の原型とも思えるサンタナは、高めの車体でシンプルな内装、頑丈なボディにひかれ、筆者は乗っていた。日産はVWとのライセンス提携によってエンジン、トランスミッション、ステアリングといった主要部品をVWから供給を受けて、日産の追浜工場（神奈川県横須賀市）で生産していた。この提携によって日産はVWから塗装技術を多く学んだといわれ、VWは日産から生産技術を学んだといわれる。

この提携は1984年から1990年まで続いた。サンタナはVW車として特定のユーザーには人気があったが、頑丈のあまりスポーティーでないことなどから、日本人ユーザーにはフィットしなかった。そのため、日本でのサンタナ生産は6年間続いたものの1990年に生産中止になり、VWと日産との提携関係も解消された。

一方で、戦略的提携によってよみがえった事例は日産とルノーとの関係である。日産は1990

図表2-3　日仏３社連合の資本関係

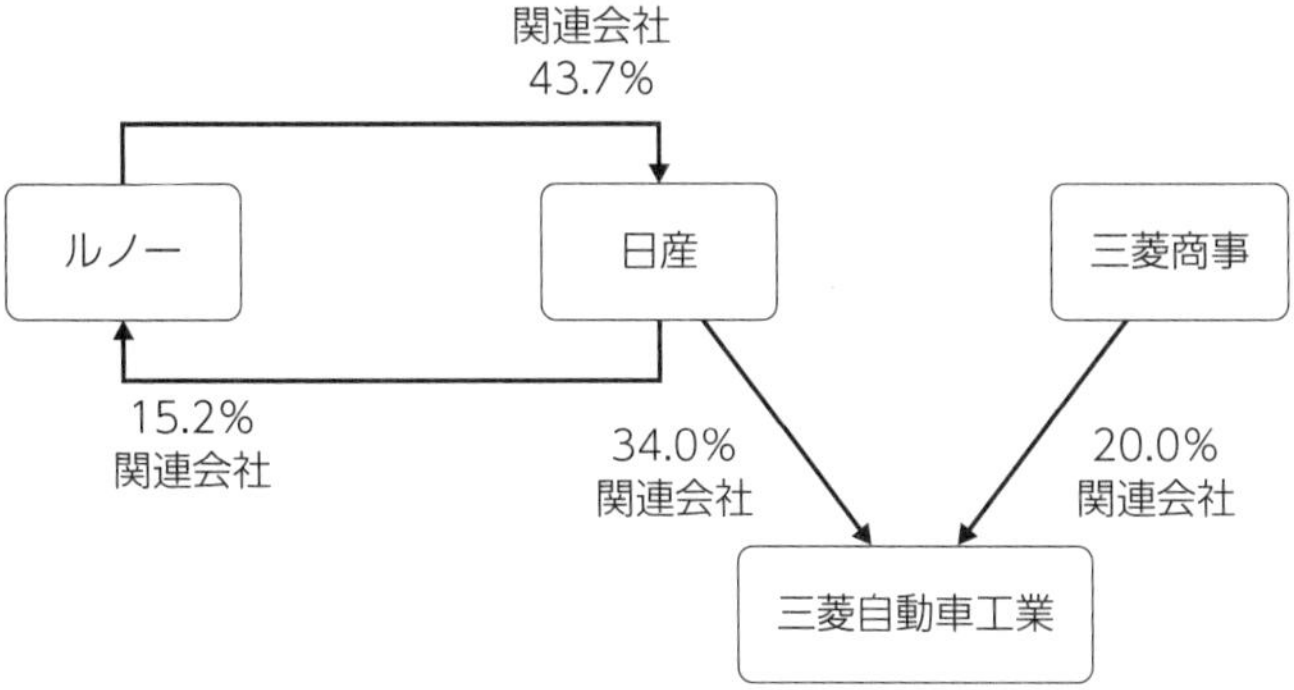

注：2023年7月26日、資本関係の見直しが発表された。ルノーの日産に対する出資比率は15％に引き下げて相互に15％ずつ出資とし、ルノーは保有する日産の株式43.7％のうち28.4％をフランスの信託会社に移し、両社が対等に議決権を行使できるようにした。
出所：筆者作成。

年代以降のバブル崩壊によって極端な業績低下に陥り、世界の自動車業界との提携先を模索していた。ベンツやフォードも候補に挙がっていた。しかし、それらとはうまくいかず、最終的にはフランスのルノーが受け入れることになった。

ルノーは業界規模としては大きくなく、主に小型車を生産している。ただ、ルノーはフランス政府が大株主になっており（15％の出資）、半ば国有企業である。他方、日産は大型車も生産し、アメリカ、アジア市場にも強い。両社が組めばヨーロッパを含めた世界市場での事業展開には提携によるメリットがあると考えた。提携の形は、ルノーが日産の43％の株式を保有し、日産がルノー株の15％を所有することになった。

そこへ、ルノーから日産再建の切り札として派遣されたのがカルロス・ゴーン（Carlos Ghosn：1954-）である。ゴーンの強いリーダーシップによって再建計画である「リバイバル・プラン」が練られ、大胆なリストラによる事業の再編成によって再建を果たした。

その後、日産は2016年には経営危機にあった三菱自動車に34％出資して日仏連合の3社になった（図表2－3）。ただ、2023年3月にルノーと日産の出資比率は、ルノーから日産への出資は43％から15％に引き下げられ、日産からルノーへの出資は15％のまま維持されることになった。24年間続いてきた日産はルノーの傘下という構図から脱却し、両社は対等の関係で急速に進むEV開発へと舵をとることになる。

(3) VWのケース

VWは多くのヨーロッパの自動車メーカーの株式を取得し、グループ企業に収めてきている。VWの最も早いグループ化は、1960年代初めのアウディである。アウディは今、VWグループの中でも高級車ブランドのポジションにあり、高い収益性を保持している。

自動車産業はもともとイギリス、フランス、ドイツが先導していたが、その後アメリカが大衆車の普及によって自動車大国になった。そして1980年代になると、日本の自動車メーカーが世界進出し、アメリカ、さらにはヨーロッパへと競争力を高めていく。もともと、自動車の発明のルーツであったヨーロッパの自動車メーカーは、アメリカや日本の自動車メーカーの出現で競争力を失っていった。特にロールス・ロイス、ジャガー、ローバー、ベントレーなどの高級車ブランドを持つイギリスの自動車メーカーは、大衆車の普及によって競争力を失っていく。

イギリスは産業革命によって世界に先駆けて工業化を果たしたが、１９８０年代になって多くの製造業が競争にさらされることになる。イギリス経済の衰退を防ぐべく登場したのが、保守党の党首マーガレット・サッチャー（Margaret Thatcher：1925-2013、首相在任期間：1979-1990）である。１９８２年、「鉄の女」ともいわれるサッチャーは、大胆な経済政策を掲げイギリス企業への競争力の強化を打ち出した。もともと保守的といわれていた保護政策を取り払い、外国資本の積極的導入も図った。

サッチャー政権の下で、日産は１９８６年、トヨタとホンダは１９９２年にイギリスへの工場進出を行っている。イギリスにおけるこのような経済自由化策の流れはＥＵ圏へと広がり、その生き残りをかけての自動車産業の戦略的提携は不可避となった。

この時期に、ＥＵの中でも自動車産業で世界的にも高い競争力を持っていたドイツの自動車メーカーの動きが活発になる。ＶＷはチェコのシュコダ、スペインのセアトを買収、また１９９８年にダイムラー・クライスラーの合併を機に、ＶＷはイギリスのベントレー、イタリアのブガッティ、ランボルギーニといった高級車メーカーを次々と買収した。ＢＭＷもイギリスのローバー（のちに日本で人気の高いミニのみを保有）を買収することになる（ＶＷの現在の提携による資本出資関係は、第10章参照）。

自動車業界の提携と再編成の動きを見ると次のとおりである（図表２－４）。

図表2-4　世界の自動車業界の動き

年	内容
1964年	アウディをVWグループに併合
1969年	フィアットがランチアを買収
1974年	プジョーがシトロエンを吸収合併
1986年	フィアットがアルファロメオを買収
1991年	VWがシュコダ（チェコ）を買収
1993年	フィアットがマセラティを買収
1996年	VWがセアト（スペイン）を買収
1998年	ダイムラー・ベンツがクライスラーを買収
1999年	VWグループのアウディがランボルギーニ（イタリア）を傘下に吸収／日産とルノーの資本提携
2000年	ルノーが三星自動車（韓国）を買収
2003年	ロールス・ロイスがBMWの傘下に
2005年	ダイムラー・クライスラーが三菱ふそうトラック・バスを連結子会社化
2006年	ボルボが日産ディーゼルを買収
2007年	ダイムラー・クライスラーがクライスラーのサーベラスを売却
2008年	ドイツのMANとスウェーデンのスカニアがVWの傘下に／ジャガーとランドローバーがタタ・モーターズ（インド）の傘下に
2009年	世界最大の自動車会社GMが破綻し国有化される
2010年	ボルボが中国浙江吉利控股集団（ジーリーホールディング）の傘下に
2012年	VWがポルシェを完全子会社化
2014年	フィアットがクライスラーを完全子会社化
2016年	日産が三菱自動車をグループ化
2021年	PSAとFCAが経営統合し、ステランティス（Stellantis）誕生／ダイムラー・トラックが分社し上場
2022年	ダイムラーがメルセデス・ベンツに社名変更／ポルシェが分社化し上場

出所：筆者作成。

3 世界のＥＶ開発競争

今、ＥＶは世界の自動車生産販売の潮流であることは疑う余地はない。各国政府も強力にＥＶの開発を後押ししている。

世界で最も早く本格的なＥＶを作ったのは日産自動車である。「技術の日産」をアイデンティティとしてきた日産にとって、「リーフ」の誕生は次世代自動車の先駆けとなった。その後ガソリンと電気を混合させたトヨタのハイブリッド車「プリウス」が誕生した。

日産のリーフは次世代自動車の先端を行くものとして注目されてきた。ところが日本ではまだ充電のインフラが整っていない状況下もあり、期待した販売台数には達していなかった。

しかし、その後世界的なＥＶへのシフトの中で日本国内のＥＶ販売台数の比率は一段と高くなってきている。図表２－５は２０２２年の日本国内のＥＶ販売台数である。前年（２０２１年）比で２・７倍の５万８８１３台で、２００９年以降では過去最高となった。乗用車全体に占めるＥＶの割合は１・71％で、初めて１％を超えた。このＥＶ拡大の要因は、軽自動車のＥＶが前年比50倍へと販売を飛躍的に伸ばしたことである。これは日産と三菱自動車が共同開発した「サクラ」である。今でも注文してから数ヶ月経たないと手元には届かない超人気車となっている。２０２２年の販売台数ではサクラが２万１８８７台でトップ、次に日産のリーフが１万２７３２台、３位は三菱自動車の軽ＥＶ「クロス」である。

ただ、ＥＶの広がりは海外と比べ日本は遅れている。中国は２０２２年１～11月で新車販売の２割、ヨーロッパは１～９月で１割、アメリカでは７～９月で５％になった。日本は１・７％であるから、中国、欧米と比べると出遅れているといえる。

ここで驚くべきことは、中国がなぜここまでＥＶ比率が高いのかである。今、世界ＥＶ市場を牽引しているのは中国である。

図表2-5　日本国内EV販売台数とEV比率（2022年）

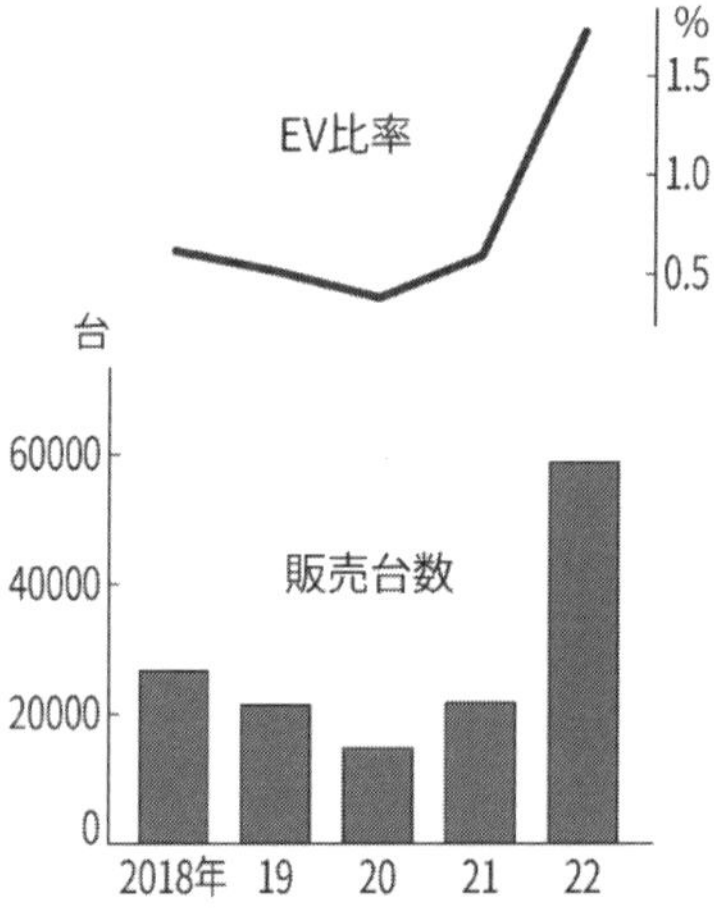

出所：日本経済新聞、2023年1月12日。

２０２１年の世界のＥＶ販売台数は４６０万台とされているが、その１割を占めているのが低価格帯で人気の中国の新車である。中国では２０２１年のＥＶ販売台数は前年比２・６倍の２９１万台である。中国のＥＶ販売の伸びは政府の普及促進策に加え、低価格帯の車種が売れていることが挙げられる。上汽通用五菱汽車（ウーリン）は２０２０年に約50万円のＥＶを発売し、２０２１年には約42万台を販売した。

各国はさまざまな方法でＥＶの普及を後押ししている。ＥＶが新車の５割を超えたノルウェーは、購入時の付加価値税を免除している。中国も、一定の規模を上回るメーカーにＥＶなどの環境車の販売を義務づけている。ＥＵは、２０３５年までにガソリン車とハイブリッド車の販売を事実上禁止することを決めた。アメリカのカリフォルニアでは、２０１８年に一定割合の生産を義務づける「ゼロエミッション車」の定義からハイブリッド車を除いている。

このような世界の潮流の中で、日本車メーカーもここにきてＥＶ開発に莫大な研究開発投資を行い始めている。ホンダは２０３１年までの10年間でＥＶの開発に５兆円、トヨタは２０３０年までにＥＶ開発に４兆円の投資を決めた。なお、ＶＷは２０２６年までの５年間にＥＶ向けの開発に５２０ユーロ（約７超円）を投じ、ＥＶの比率を現在の約５％から20％に引き上げることを発表している。

4 ＥＶ開発をリードするテスラ

世界の自動車業界でＥＶ開発をリードする自動車会社として注目の的になっているのが「テスラ」である。「テスラ」という名前は19世紀から20世紀にかけて次々と電気技術を生み出したニコラ・テスラ（Nikora Tesla：1856-1943）にちなんでいる。テスラは当時発熱電球を発明したトーマス・エジソン（Thomas Edison：1847-1931）とともに、アメリカの電気技術の発展の基礎を築いた人物である。テスラはＥＶの開発でトヨタ、ホンダともすでに提携しており、今や世界に名を馳せるＥＶメーカーである。

筆者はテスラのＥＶに興味を持ち、東京・日本橋のデパートに宣伝用として置いてあったテスラの車の運転席に座ってみた。車内は非常にシンプルで計器類もガソリン車と比べたら極めて少ない。

また車のボンネットの下に本来あるエンジンがないので、空いたスペースに、買い物に行ったときに生鮮食品などの小さな荷物を置くこともできるという。エンジンがないので熱くなることもなく、走れば風も入ってくるからである。走行音も、タイヤと路面とのすれあいだけなので極めて静かである。燃料費もガソリンの10分の1、エンジン音がなく滑らかな走りに、筆者はこれまでの車の概念とは大きく変わったことを実感した。

世界に先駆けて開発された日産のリーフは、もともとの自動車会社がＥＶ開発に挑戦してできた車である。トヨタのハイブリッド車であるプリウスも同様である。ところが、テスラは異分野からの参入であり、電気技術を転用すれば自動車という大産業にも挑戦できることを証明している。車の心臓部をエンジンではなく電池に変えれば、部品産業などを大きく抱えたサプライチェーンがなくても車が作れるのである。

テスラの始まりはアメリカのシリコンバレーである。シリコンバレーといえば世界に響くＩＴ企業の発信地であるし、世界の企業もそこに集うＩＴベンチャーと手を組んでいるところが多い。シリコンバレーの中心地は、アメリカ西海岸のサンフランシスコ郊外に位置するパロアルトにあるスタンフォード大学付近の地域である。シリコンバレーにはアメリカンドリームを夢見る世界の若者、そして起業家が集まり、それを支える資金提供者（エンジェルやベンチャーキャピタリストと呼ばれる人たち）が集まり、ベンチャー企業を起こす効果的な仕組みができている。

このような起業家風土の中で、同じカリフォルニア生まれのマーティン・エバーハード（Martin Eberhard：1960-）とマーク・ターペニング（Marc Tarpenning：1960-）は共に大学でコンピューターエンジニアリングや電気工学を専攻し、リチウムイオン電池を搭載したＥＶの設計開発を行っていた。テスラは２００３年7月にマーティンとマークによって「テスラ・モーターズ」（２０１７年に「テスラ」に変更）が設立される。しかし、資本力の少なく創立間もないベンチャー企業に資金の大半を提供したのは、後のテスラのオーナーとなり立役者となるイーロン・マスク（Elon Musk：1971-）である。また、グーグルの創立者でもあるセルゲイ・ブリン（Sergey Brin：1973-）もその1人である。マスクはもともと南アフリカ共和国に生まれ、アメリカに渡って起業家となりスペースXを起業し、ソーラーパネルのビジネスを手がけていた。マーティンとマークの起こした企業の将来性を見込んで、マスクは資金を投入した。設立から5年後の２００８年には、マスクはテスラ・モーターズの最高経営責任者（ＣＥＯ）になり、実質的な経営を担うことになる。２００９年には最初のＥＶモデルであるロードスターの生産を開始、２０１２年には「モデルＳ」セダン、２０１５年「モデルＸ」ＳＵＶ、２０１７年には「モデルＹ」の量産型を発表した。「モデル３」は２０２０年までに80万台以上販売され、世界で最も売れているＥＶになった。

テスラの車は本拠地であるアメリカ、サンフランシスコ郊外のフリーモントで生産されている。

ここはかつてGMのフリーモント工場だったが、その後トヨタはここでアメリカ進出の初めての工場進出となるGMとの合弁による「NUMI」（New United Motor Industry）を設立し、「カローラ」を生産していた。その後GMとトヨタの提携は解消し、2010年、テスラとトヨタはEV分野における共同開発を行う業務提携を結んだ。これによって当時使われていなかったNUMIの工場を利用してEVを生産し、数千人の雇用を生み出すことが期待された。しかし、トヨタとテスラとの業務提携は2016年に解消され、現在はテスラの工場として稼働している。テスラの工場は今、ここフリーモントとテキサス州オースティン、中国の上海、ドイツのベルリンにあるが、2023年3月1日に5番目の工場となるメキシコ北部のヌエボ・レオン州に建設すると発表した。また、将来的にはインドネシアにも新工場が建設されるとの報道もある。

第3章

ドイツ自動車産業とフォルクスワーゲン

1 ドイツ自動車産業前史

(1) 産業革命と蒸気自動車

古来、われわれは生活のための移動手段として、まずは自然にあるものを利用し、それが交通運輸の発展につながってきた。海や川で、自然の風を利用した帆船(帆掛船)はその1つだ。船による水上交通の発達は、世界のどこにおいても交通手段の第一歩である。古くから水上交通の要所となってきたところが、そのまま今の大都市へと発展してきた。例えばロンドン、パリ、ニューヨークも海上交通の要である。東京も川や海に面していることから、最初の交通手段は船であり、その後に続く交通手段の多様化が現在の大都市になった。

他方、陸上の移動手段は主に馬や牛、砂漠地帯ではラクダなどである。中でも馬は、競馬という競技があることからもわかるように、足の早い動物である。そのため、主な移動手段として馬車の活用は早くから発展してきた。イギリスの地方都市や小さな村の中心地には、今でも水飲み場とその隣には馬をつなぐところがある。馬は産業革命による蒸気機関の発明以前には重要な交通手段であった。

産業革命は18世紀半ばから19世紀にかけてイギリスで起こったが、それは馬に代わる交通の手段の発明過程でもある。その契機となったのが、蒸気による動力の発明である。

17世紀、イギリスでは石炭を暖房に使っていた。石炭を燃やして水を温めると沸騰するが、そのときに発生する蒸気を利用して車輪を動かすことを考えた。この蒸気機関の発明の先駆者の１人がジェームズ・ワット（James Watt：1736-1819）である。これを利用し、毛織物の生産や蒸気機関車による軌道での活用を試みた。イギリスでは今から二百数十年前の１８０４年に、蒸気機関車が初めて走り出した。

蒸気機関車は線路である軌道を走るが、これを一般の道でも走れないかと考えるのは自然の成り行きであろう。蒸気を動力源として転用された自動車は「蒸気自動車」として、初期の自動車発明の歴史に刻まれている。自動車を鉄道のレール以外の道路で走る車両と考え、それを最初に発明したのはフランスであった。

フランスはエンジンによるガソリン車の発明の前史として、蒸気自動車を本格的に手がけた最初の国である。ただ、蒸気自動車は石炭を積んで走るため重く、時速４マイル以下で乗員は２人、他の１人は車の前で観衆に警告を与えるため「赤旗」を振って走らせた。これがいわゆるイギリスですでに施行されていた「赤旗法」（Red Flag Act）である。[1]つまり、これは交通法規もないままに道路を初めて走る車の先導役として民衆を避けてもらうクラクションの役割である。自動車という動く物体によって民衆が危険になることを防ぐ警報（アラーム）の役割である。

世界で初めての蒸気によって道路を走る自動車の原型は、イギリス、ドイツ、アメリカではなく、

1　大島隆雄『ドイツ自動車工業成立史』創土社、2000年、23-24頁。

フランスで生まれた。その発明はその後隣国であるドイツへとつながっていく。

(2) 内燃機関の発明とダイムラーとベンツ

蒸気自動車の技術開発は少しずつ進み、1860年、フランス人のエティエンヌ・ルノアール(Etienne Lenoir：1822-1900)は石炭ガスをシリンダー内で燃焼させ動力を取り出す「ガスエンジン」を開発し、初めての実用的な内燃機関を作り出した。これにより、機関外部の熱源を利用する蒸気機関と比べて遥かに軽量でコンパクトなシステムにすることが可能となった。ただ、これも技術的課題が多く、安定して走らせるのは難しかった。

そうした中で、ドイツ人のニコラス・オットー(Nikolaus Otto：1832-1891)はルノアールのガスエンジンを研究し、効率を高めた機関を開発してエンジンを完成させた。これが「オットーサイクル」の名で後に有名になる、サイクルエンジンである。

そのオットーの下でエンジンを研究していたのが、ゴットリープ・ダイムラー(Gottlieb Wilhelm Daimler：1834-1900)である。ダイムラーはガソリンエンジンを取りつけた二輪車の開発を進め、特許を取得した。さらにダイムラーは馬車にガソリンを搭載することにも成功し、「世界初の四輪自動車の発明王」となった。その場所はダイムラー・ベンツの発祥の地であり、今その本社となっているドイツの大都市シュトゥットガルト(Stuttgart)の一部となっているカンシュタット(Cannstatt)である。

そして、そこから数マイルしか離れていないところでカール・ベンツ（Karl Benz：1844-1929）も同じような研究を行っていた。カール・ベンツはダイムラーよりも10歳若く、１８７２年に鉄製品を扱う個人企業を設立した。順調な経営だったがその後の不況により、少年時代からの夢だったエンジンの開発に乗り出すことになる。
カール・ベンツはカンシュタットからほど近いマンハイムを拠点として研究し、自分が設計して組み立てたガソリンエンジン搭載の三輪車の特許を取得した。この特許の取得は１８８６年であり、このころはイギリスで始まった産業革命がドイツにも普及し始め、急速な近代化が進んでいる最中である。蒸気機関や機械の導入が進み、交通機関も変革の時期を迎えていた。このような急速な産業技術の進展の時期に、ダイムラーとベンツが自動車開発への挑戦を行っていたのである（図表３－１）。

図表3-1　ダイムラーとベンツが発明したガソリン車

出所：ニュースダイジェストウェブサイト（http://www.newsdigest.de/newsde/features/12326-auto/）。

ダイムラーとベンツの２人による自動車の誕生は必ずしも最初から受け入れられるものではなかっ

た。ダイムラーの四輪車も最高速度は20キロほどで、大きな人気を呼ぶことにはならなかった。しかし、その後2人は互いに自動車開発のライバル関係の中で合併し、1926年にダイムラー・ベンツが誕生することになる。

(3) 贅沢品としての車—ブランドのルーツ

筆者は2022年の6月、ドイツ各地の自動車会社やミュージアムを訪問した。ミュンヘンのBMW、インゴルシュタットのアウディ、ジンデルフィンゲンのベンツ、ウォルフスブルグのVWである。それらの会社には本社や工場に隣接してそれぞれが作ってきた歴代の自動車を陳列したミュージアムがある。それらを訪ねてみると、自動車会社といっても最初は自転車にエンジンをつけたものやオートバイからスタートしたところ、航空機エンジンからスタートしたところ、スポーツカーやバスを作っていたところなど、創立期は各社さまざまな自動車を作っていたことがわかる。

一方で、強く感じたのは自動車の豪華さと芸術性、大量生産できない「手作りの車」である。これは、今のように自動車が誰もが手軽に買えるものではなく、一部のお金持ち、特権階級の交通手段であったことを物語っている。ダイムラーが作り始めた1880年代ごろの自動車の価格は非常に高かった。自動車はステータスシンボルであり、またモータースポーツの手段である「遊び道具」として貴族や金持ちといった一部の特権階級が買うものであったことから、需要のある隣国のフランス、イギリス等の顧客に輸出されていた。今でこそみんなが乗れるものとなっているが、もともと自動車は庶民には届かない贅沢品であったのである。

本書はＶＷに焦点を当てているが、ＶＷはその名前のとおり“Volks（国民）”の“Wagen（車）”を作ることにあった。この契機となったのが、ヒトラーが命令した国家政策である「国民車」構想である。ＶＷ設立の前にはすでにダイムラー・ベンツ、ＢＭＷ、アウディは四輪自動車、オートバイ、飛行機のエンジン等を手がけており、それらは皆高価で庶民にとっては手の届かない車であった。ドイツの車はなぜブランド力があるかといえば、もともと庶民には手が届かないもの憧れのものであったことにある。ブランドとは、なかなか手の届かないもの、しかしその商品に信頼性があり、長持ちし、飽きないもの、一度は乗ってみたい、買いたいという購買意欲をそそられるものである。それが心に刻まれ、特別の思いとなってブランド形成につながっている。

ドイツはクラフトマンシップ、いわゆる「職人気質」が尊ばれている。ドイツの自動車のブランドは、このような国民性の中で育まれたどこにも負けない「ものづくり」の力と、もともと自動車が贅沢品として顧客に強い夢を与えるものであった。自動車はモノ、つまり有形資産であるが、ブランドはそのモノに対するわれわれの特別な思いである。これは目に見えない無形資産である。今や自動車は各社の技術開発が進み、極端な製品格差はないといわれている。モノが溢れる今日の世界で何を選ぶか、その決め手の１つとして、ブランドという無形資産、「見えない価値」があるのである。

（4）中心的役割としてのダイムラーとベンツ

ドイツの自動車といえば、日本ではＶＷ、ベンツ、アウディ、ＢＭＷに代表される。それらはいずれも戦後十数年経ってから徐々に輸入され始め、高価格の自動車ブランドとして一部の限られた人の乗り物として広まってきた。

第一次世界大戦前の１８８０年代の終わりから１８９０年代の初めにかけて、ドイツ自動車産業で中心的役割を果たしてきたのはダイムラー・ベンツである。ベンツは自動車のみならず、トラック、バス、航空機エンジンと、幅広い事業分野で経営規模を広げてきた。ベンツは日本では高級車のイメージで乗用車しか作っていないと思われることが多いが、本拠地ドイツをはじめヨーロッパでは、バスやトラック、あるいは工作機械の類など、ベンツ製のものが多くの分野で使われている。

特に１９１４年に始まった第一次世界大戦における、ダイムラー社の航空機エンジンの開発と生産は、その後のベンツの高級乗用車の生産に大きく関係している。当時、交戦国となったドイツでは乗用車の生産工場の多くが航空機エンジンの開発および生産に動員され、ダイムラーも軍事物資を生産することになる。特にメルセデスと合併前のダイムラーは、軍事産業の中心的役割を担っていた。

現在のメルセデス・ベンツの本社のあるシュトゥットガルトから電車で1時間ほどのところに、ベーブリンゲン（Boblingen）という駅がある。この駅からシャトルバスで向かう山間に位置するのが、「ベンツの里」といわれるジンデルフィンゲン（Sindelfingen）の工場である。ここは今でもベンツの主力工場だが、およそ１００年前の１９１６年からは航空機エンジンの専用工場となっていた。ここでは第一次世界大戦期を通じて２万個の航空機エンジンが生産され、この時期におけるドイツの航空機エンジン総生産の43％を占めていた。

しかし第一次世界大戦が終わると、ダイムラーの多数の設計者、技術者を民需生産の中でいかに生かしていくべきかが問題になった。大戦中、航空機エンジン開発の中で著しい進展を見せたのが内燃機技術である。技術者たちは、その中でもとりわけ空気圧縮法の研究開発をさらに進め、民間の大型高級車エンジンの開発へと取り組んだ。航空機のエンジン開発は当時としては最先端の技術開発であり、これを自動車のエンジン開発にも転用すれば、高性能の自動車の製造が可能になると考えたのである。

日本でもスバルの前身は中島飛行機であり、軍用機を開発していた。創立者の中島知久平は１９１７年、軍の指令を受けて群馬県の太田市で戦闘機を作っていた。１９４５年に終戦を迎え、その後開発で培った技術を生かし、軍用機の生産から自動車の生産へと変わったのが今のスバル（旧富士重工業）である。最初に発売した車がてんとう虫といわれた「スバル３６０」で、小型でエンジン性能が優れ、１９６０年代から１９７０年代にかけて爆発的に売れた。富士重工業という企業名よりも車名の「スバル」の方が日本中に広まったのである。同社は２０１７年、グローバルなブランド戦略として、「富士重工業」から、簡潔でより消費者の心に響く「スバル」に社名を変えた。

(5) アメリカからドイツへの大量生産技術の移転

ダイムラー・ベンツがドイツ自動車工業の発展史の中心的役割を担う中で、1900年代初めにはそれにチャレンジする二輪車メーカーや四輪車メーカーが現れた。グスタフ・オットーは、1916年、BMWの前身となるバイエルン航空機製造（BFW）を設立し、航空機エンジンを生産し、その後1932年には自社開発による四輪車の生産を始めた。また、アウディのルーツとなるアウグスト・ホルヒ（August Horch：1868-1951）はもともとメルセデス・ベンツの工場長であったが、1909年にザクセン州で高性能、高品質の自動車生産を始めた。

他方、18世紀半にイギリスで起こった産業革命の波は新大陸であるアメリカにも伝播し、その後のアメリカ工業化社会の発展へとつながっていく。その中核となる産業が、自動車の大量生産技術の発明である。自動車の技術のルーツはイギリス、フランス、ドイツであるが、それを大衆化したのはアメリカである。これは20世紀の最大発明といわれるほど革命的な技術革新である。

大量生産の先駆けとなるアメリカのヘンリー・フォード（Henry Ford：1863-1947）は、1903年にフォード自動車会社をデトロイトに設立し、1913年にはベルトコンベアーによる大量生産を開始した。フォードによる大量生産技術の発明は20世紀産業社会の幕開けとなった。それまではドイツをはじめヨーロッパの車は手作りに近い贅沢品であり、それを購入できるのはごく一部の人だけであった。しかし、フォードの大量生産技術によって1台当たりのコストが下がり、それに伴って購入価格も下がることによって、一般の人でも買える自動車の大衆化が始まった。アメリカで開花した自動車産業はヨーロッパを追い越す形で、生産台数も販売台数も飛躍的に伸びていった。フォードのベルトコンベアーによる大量生産技術はテレビ、洗濯機、冷蔵庫などの家電の生産へも広がり、アメリカのさらなる大きな発展へとつながっていく。

フォードはヨーロッパにも事業拡大し、ドイツで子会社を設立した（１９２５年）。また、１９２９年にはＧＭが当時ドイツ最大の自動車会社であったオペルを買収した。そうした中で、ドイツにおいても特に１９２６年のダイムラー・ベンツの形成以降、徐々に大量生産技術を導入し始めた。

自動車の発明と発展はイギリス、フランスそしてドイツが先行していたが、フォードの大量生産技術の発明によってアメリカが大衆化路線を行く自動車大国へと進み始めた。この影響に押される形でドイツの自動車産業もアメリカをまねた大量生産体制による大衆車の生産が、１９３０年代の後半から始まったのである。

2 ヒトラーによる大衆車構想とフェルディナント・ポルシェ

(1) ヒトラーの国民車構想

1930年代初頭にドイツで初期的に発展した自動車産業がアメリカに移り、大衆車となって普及し始めたころ、1933年アドルフ・ヒトラーの率いる国民社会主義ドイツ労働者党（ナチス）がドイツで政権を獲得した。政権の本拠地であるベルリンはナチス・ドイツの政治の中心地であり、総司令部も置かれていた。ヒトラーは経済政策として自動車専用道路であるアウトバーン（Autobahn）の整備や、国民が普通に乗れる国民車構想を打ち立てた。VWはヒトラーの国民車構想の下で設立され、その本拠地としてウォルフスブルグが選定された。ウォルフスブルグはベルリンから列車で1時間ほどのハノーバーに近いところにある。ここは、かつて戦時下にあった「歓喜力行団」（KdF）が置かれていたところである。「喜びを通じて力を」（Kraft durch Freude）を名前とするKdFは、ナチス政権下でドイツにおいて国民の多様な余暇活動を提供した組織である。「労働戦線」（Deutsche Arbeitsfront）の下部組織として国家の管理の下で旅行、スポーツ、コンサート、祝祭典などを企画した。それまで労働者階級には手が届かなかった中産階級的レジャーを広く国民に提供することで、大衆のナチスへの支持を高めようとしたのである。

図表3-2　ポルシェの開発した甲虫型のVW

出所：Österreichische Nationalbibliothek

歓喜力行団は、大衆のための手頃な価格で自動車を購入できることにも関与した。これは、ヒトラーが政権についた直後に発表した国民車構想を、当時自動車開発で名をなしていたフェルディナント・ポルシェ（Ferdinand Porsche：1875-1951）に命令したことに始まる。ポルシェの設計によって開発されたのが、あの有名なカブトムシタイプの車である（図表３－２）。「ビートル」の愛称で親しまれたこの車は形を変えて受け継がれ、２０１９年まで生産された。ヒトラーの国民車構想の命を受けてポルシェによって開発された「国民（Volks）車（Wagen）」がまさにＶＷであり、その後世界に君臨する自動車になる。

(2) 開発者フェルディナント・ポルシェ

フェルディナント・ポルシェはVWの設立とその後の経営に深く関与し、今でもVWといえばその大株主であるポルシェ家が絶大な影響力を持っている。

なぜ、ヒトラーはポルシェをVWの開発を指名したのであろうか。

ポルシェはそのころすでにドイツでの車の開発者として名声を上げており、これがヒトラーの目に留まった。ポルシェは1933年の5月にヒトラーと会っている。ヒトラーもポルシェも生まれ故郷は隣国オーストリアであり、同郷の2人は意気投合した。

また、このときポルシェはすでにアメリカのデトロイトで、フォードの大量生産の現場を見てきていた。ポルシェは、この生産システムによるドイツでの大衆車構想の可能性を思い描いたに違いない。独裁者ヒトラーの大衆車構想と天才自動車設計者の思惑が一致したのも、ポルシェのフォード視察で受けた強いインパクトが背景となっていたのである。1920年代ごろには、ポルシェは高性能の小型大衆車の生産を手がけ始めていた。

それでは、ポルシェとはどんな人物なのであろうか。

フェルディナント・ポルシェは1875年に当時オーストリア・ハンガリー帝国の一部だったボヘミア地方のマッフェルスドルフという町に、ブリキ職人の三男として生まれた。父親は小さな作業所を経営し、数人の見習工を雇っていた。ポルシェは少年時代から父親の職場で働きながら、電気工作に強い興味を持っていた。そして、23歳のときにウィーンのルートヴィッヒ・ローナー王立自動車製作所で働いた。ポルシェはここで自動車に関する新しい技術を次々と生み出し、１８９８年には最初の電気自動車を組み立て、ウィーンの路上で走らせた。そして、バッテリー容量を解決するためにガソリンとの併用で走るハイブリッド車を世界で初めて開発したのである。これは、今日のトヨタのプリウスのようにガソリンと電気駆動のモーターの両方を使って走った。このときポルシェは27歳である。つまり、今から１２０年前にポルシェはハイブリッド車を開発していたことになる。

この後、ポルシェは31歳の若さで当時自動車会社として名を馳せつつあったダイムラー社の技術部長になる。ポルシェはここで、レーシングカー、乗用車、飛行船、飛行機用エンジンの開発に携わった。多様な才能を持つポルシェは、社内で周囲と衝突することも多かったといわれ、大衆向けのスポーツカー

図表3-3　フェルディナント・ポルシェ（1875-1951）

出所：Porsche Christophorus（https://christophorus.porsche.com/ja/2021/398/ferdinand-porsche-engineering.html）

の開発をめぐって上部と衝突し、ついに会社を辞めることになる。その後ポルシェはシュトゥットガルトに移り、ダイムラー社（後に「メルセデス」、さらに「ダイムラー・ベンツ」となった）の技術担当役員に就任した。性能の優れた車を開発するが、ここでもポルシェの気難しい性格が災いして辞めることになる。

とうとう自らで自動車会社を起こすべく、１９３０年にオーストリアの自動車業界で長年一緒に働いた12人のエンジニアとともに、シュトゥットガルトで小さな自動車設計事務所を開設した。これが今でも高級スポーツカーブランドとして名高いポルシェの始まりである。

(3) ポルシェによる大衆車開発

自動車の黎明期にあってポルシェの自動車設計の才能は並外れたものがあり、彼はすでにドイツだけでなくヨーロッパ中にその名を馳せていた。この才能を見抜いたヒトラーは、大衆車構想をポルシェに託すことになる。

ヒトラーがポルシェに大衆車構想で託した条件は、「座席は4～5人で前後座れること、燃費効率がよいこと、持続してアウトバーンを走れること、修理費も安いこと、空冷式エンジンであること、価格は1000マルク以下であること」である。当時ではどんな小さな車でも１５００マルクはしたことからも、それが型破りの価格であったことがうかがえる。

この命を受けてウォルフスブルグの地に歓喜力行団のための国民車を生産する町（Stadt des KdF-

Wagens：KdF Stadt）が建設され、生産工場や労働者住宅が建てられることになった。
１９３７年、ナチス政権下でこの町が作られたときの人口は１０００人ほどだった。ところが、翌年１９３８年、第二次世界大戦にドイツも参戦し戦時下に入る。国民車生産が稼働し始めた段階で戦時下に入り、工場は軍事車両の生産へと変わっていく。これによりここは軍事産業で急速に発展し、第二次世界大戦中は強制収容所のユダヤ人やロシア人捕虜が酷使され、軍事物資などの生産に携わった。１９４５年、敗戦国となったドイツはここウォルフスブルグの地に、本来の国民車工場を再生させることになる。

(4) ポルシェ家の影響力

ポルシェによって設立されたＶＷは、そのファミリーの絶大な影響力のもと今日まで同族経営が行われている。ＶＷほどの歴史と規模になれば、「資本と経営」の分離によって専門経営者の手に委ねられる場合が多いが、ドイツの大企業は違う。これはドイツだけでなくフランスやイタリア、イギリスなどヨーロッパ企業に見られる特徴である。

アメリカで有名なバーリとミーンズによる「資本と経営の分離」が指摘され、専門経営者が出現するようになったのは20世紀初めであるが、ドイツでは今も大企業でも同族経営であることが多い。ドイツの主要製造業の株式所有比率を見ると、ＶＷは53・10％、ＢＭＷは46・29％、自動車部品で名高いボッシュは99・40％、医薬品のベーリンガー１００％、ヘンケル53・21％、メルク70％等で

図表3-4　ポルシェ家系とピエヒ家系

Ferdinand PORCHE　初代ポルシェ 1875-1951			
ポルシェ家系		ピエヒ家系	
第2世代			
Ferry PORCHE フェリー・ポルシェ 1909-1998		Louise PIËCH ルイーゼ・ピエヒ 1904-1999	
第3世代			
Alexander Gerhard Peter Wolfgang	1935-2012 1938- 1940- 1943-　代表	Ernst Louise Ferdinand Michel	1929- 1932-2006 1937-　代表 1942-

出所：吉森賢「フォルクスワーゲン社とポルシェ社―同族統治と企業統治の狭間で」『横浜経営研究』第35巻第4号、2015年。

ある（2023年）。

図表3－4の図はポルシェ家の家系図である。ポルシェ家のルーツを見ると、創立者のフェルディナント・ポルシェには長男であるフェルディナント・アントン・ポルシェ（フェリー・ポルシェ）と長女であるルイーズ・ポルシェの2人の子どもがいた。フェリーは2代目となってポルシェを継ぎ、ルイーズはポルシェの顧問弁護士を務めていたアントン・ピエヒと結婚してピエヒを名乗る。

VWグループは現在でも、ポルシェ家とピエヒ家の両家によるファミリー経営である点に大きな特徴がある。フェリー・ポルシェの家系には、第3世代としてフェリー・ポルシェの長男でポルシェ・デザインの創立者として知られているフェルディナント・アレクサンダー・ポルシェ、一族の持株会社であるポルシェ・オートモービル・

ホールディングSEの監査役会長として君臨する四男のヴォルフガング・ポルシェがいる。一方、ルイーズ・ピエヒの家系には、ルイーズとアントンの息子フェルディナント・ピエヒがいる。フェルディナント・ピエヒはチューリヒ工科大学で博士号をとり、フェリー・ポルシェが経営する自動車製造会社ポルシェAGで働いた。ここでピエヒはエンジニアとしての才能を発揮し、数多くのスポーツカーの開発を手がけた。しかし、ポルシェ家には同族経営の落とし穴に落ちることを避けるための「ポルシェ家の掟」により、ポルシェ経営から追放される。

このためピエヒは、VWが買収したアウディの開発責任役員として移籍する。アウディに移籍したピエヒは、有名な直列5気筒ターボエンジン、オンロード四輪駆動車の「クワトロ」などの個性的な技術を開発し、功績を上げた。1988年には同社の取締役会会長になり、傍流に過ぎなかったアウディをBMWとベンツに拮抗するプレミアムブランドへ躍進させた。アウディが今日VWとは一線違った高級車ブランドにのし上がったのも、ピエヒの個性的な技術開発によるものである。

3　VW小史──創立から今日まで

VWはその名の示すように、みんなが乗れる車、つまり国民車構想の下で設立された会社である。独裁者で名高いヒトラーであるが、一方で経済政策としてアウトバーンの建設や国民車構想を描いていた。当時ヨーロッパで名を成していた自動車開発のフェルディナント・ポルシェは、そのヒトラーの意を受け、それまで一部の特権階級の乗り物であった自動車をみんなが乗れるものにすることを目指し、大衆車を製造する国策会社として1937年にスタートした。

ポルシェが設計したカブトムシ型の「ビートル」は、第二次世界大戦の苦難をくぐり抜けて世界的なヒット商品となった。会社の発展にはその事業の核となる「金のなる木」（ボストン・コンサルティンググループの言葉）がなければならないが、このビートルがVWにとっての「金のなる木」、つまり発展の礎となったといえる。ビートルは戦後日本にも輸入され、VWブランドを日本に知らしめる契機となった。また、自動車王国アメリカにも輸出され、ブラジルには1953年の早い段階で工場を作った。

その後VWは、スポーツカーや後続車であるパサート、ジェッタやゴルフなど車種を広げると同時に、同業他社をグループ化していく。最大のグループ化は1964年のアウディであるが、同ブランドは現在VWの高収益部門となっている。VWという大衆車ブランドに加えてプレミアムブランドをグループ化したことは、両事業の相乗効果となってVWの発展を支えてきた。

その後、1989年のベルリンの壁の崩壊を機に東西ドイツは併合し、東ヨーロッパの社会主義体制は崩壊した。VWはチェコの国有自動車会社であったシュコダをグループ化した。その後、高級車メーカーであるベントレー（イギリス）、ブガッティ（フランス）、ランボルギーニ（イタリア）をグループ化する。さらに2000年代になると、乗用車以外のトラック、バスなどを作っているスウェーデンのスカニア、ドイツのＭＡＮをグループ化する。このように、ＶＷはＭ＆Ａや吸収合併などによる外的成長戦略を強力に推し進めてきた。

しかし、このグループ化と海外市場の戦略は、２０１５年アメリカ市場での排気ガス規制不正問題を発覚することになった。この問題の影響は、アメリカだけでなくヨーロッパにも波及し、そのブランドイメージ修復の代価は莫大であった。今日、ＶＷはその代償と引き換えに、社運をかけてＥＶ開発へとシフトしている。

図表３－５は、これまでの歴史をまとめたものである。

年	内容
1984年	2代目ジェッタ発表、日産自動車と提携、サンタナ（2代目パサート）の生産開始
1989年	フォルクスワーゲン・アウディ日本を設立
1991年	チェコの自動車会社シュコダがVWグループに入る
1992年	トヨタがVW・アウディ車の販売店DUOをオープン
1998年	ニュービートル車アメリカで発表、翌年ヨーロッパでも発売。 イギリスの高級乗用車メーカー、ベントレーを子会社化。 フランスの高級スポーツメーカー、ブガッティを子会社化。
1999年	イタリアの高級スポーツカー、ランボルギーニを、グループ会社アウディを通じて子会社化
2001年	ドレスデン新工場とロジスティックセンターとの路面電車による貨物列車の運行開始。旧ビートル生産終了（累計生産台数2150万台超）。
2004年	アラブ首長国連邦がVW株式の13%取得。
2005年	ポルシェがVW株式の20%取得。 日本での単独ブランド累計輸入100万台突破。記念式典を豊橋のインポートセンターで開催。
2008年	スウェーデンの重工業スカニアを子会社化。
2009年	スズキとの間で包括的業務資本提携発表（2011年解消）。
2011年	商用車機械メーカー、大型トラック・バス会社MANをグループ化。
2012年	ポルシェを完全子会社化。
2015年	アメリカで排気ガス規制不正問題が発覚。
2021年	EV開発シフトを発表。

出所：VWジャパンの資料をもとに筆者作成。

図表3-5　VWのこれまでの主な歴史

年	内容
1937年	アドルフ・ヒトラーの命令を受け、フェルディナント・ポルシェがドイツの国民車を作る目的で準備会社（Deutschen Volks Wagens GmbH）を設立
1938年	ポルシェの設計による大衆車ビートルの生産開始（ポルシェは1920年代から高性能大衆小型車を手がけてきている）
1939年	第二次世界大戦勃発。大衆車の生産を中止してドイツ軍戦闘車両や戦車を生産
1945年	第二次世界大戦でのドイツ降伏に伴い、イギリス軍の管理下で新生VW工場として初めてカブトムシ型の車を生産、イギリス占領軍から2万台の生産受注
1949年	アメリカ合衆国にVW車タイプ1を初輸出、その後最重要な輸出先となる
1950年	初の商用車、タイプ2の発表、汎用性の高さから大成功を収める
1952年	日本に初めてのVW車、タイプ1が4台入る。日本最古のVW車とされる
1953年	ブラジルに現地法人「フォルクスワーゲン・ド・ブラジル」設立。日本のヤナセが108台のVWを輸入、1954年輸入販売権獲得、日本の本格的VW車の輸入が始まる
1955年	スポーツクーペ、カルマンギアを発売、アメリカで人気を得る
1957年	タイプ1が200万台目の生産達成
1960年	有限会社から株式会社に組織変更
1964年	アウディがVWグループに入る
1972年	1500万7034台目のタイプ1が生産達成、T型フォードの記録を更新
1973年	初代パサート発表
1974年	初代ゴルフ発表、生産開始から31カ月目で100万台の生産達成
1979年	初代ジェッタ発売
1982年	スペインの自動車会社、セアトを傘下に入れる
1983年	2代目ゴルフ発表

第4章

フォルクスワーゲン・グループの拠点

1 VWの本拠地―ウォルフスブルグでの工場建設

現在のＶＷの本社そして主力工場はウォルフスブルグ（Wolfsburg）である。ここはドイツの首都ベルリンから電車で1時間ほどの距離にあるニーダーザクセン州の町であり、今はＶＷの城下町となっている。ウォルフスブルグの駅を降りると、すぐ目の前にはＶＷを象徴する4本の大きな煙突が見える。これはかつて車を作るために作られた、発電所の工場煙突である。この火力発電所は現在も工場全体の電気を賄い、その一部はウォルフスブルグの町にも使われている。

ここウォルフスブルグでは、かつては鉄やタイヤなども内製化していた。自動車王国といわれたアメリカのフォードも、発祥の地であるデトロイトのディアボーンにルージュ製鉄所を持っていた時代がある（その製鉄所は１９８９年、日本鋼管（現ＪＦＥスチール）に売却された）。ＶＷを象徴する煙突の下、運河にそって広大な工場が広がっている。この運河も、資材を運ぶなど水上交通の重要な役割を果たしていた。今その運河では、観光船がのどかに走っている。

ウォルフスブルグという地名の由来であるが、ドイツ語でWolfは「狼」、Burgは「城」であるから、直訳すれば「狼の城」である。紋章も、「城に立つ狼」がかたどられている。ドイツが敗戦した後、この地域がイギリスの支配下にあったときに、この地にあって中心的存在となっていた城、"Wolfsburg"にちなんでつけられた。この城は駅から1キロほどのところにあり、今はミュージアム

図表4-1　ドイツとニーダーザクセン州

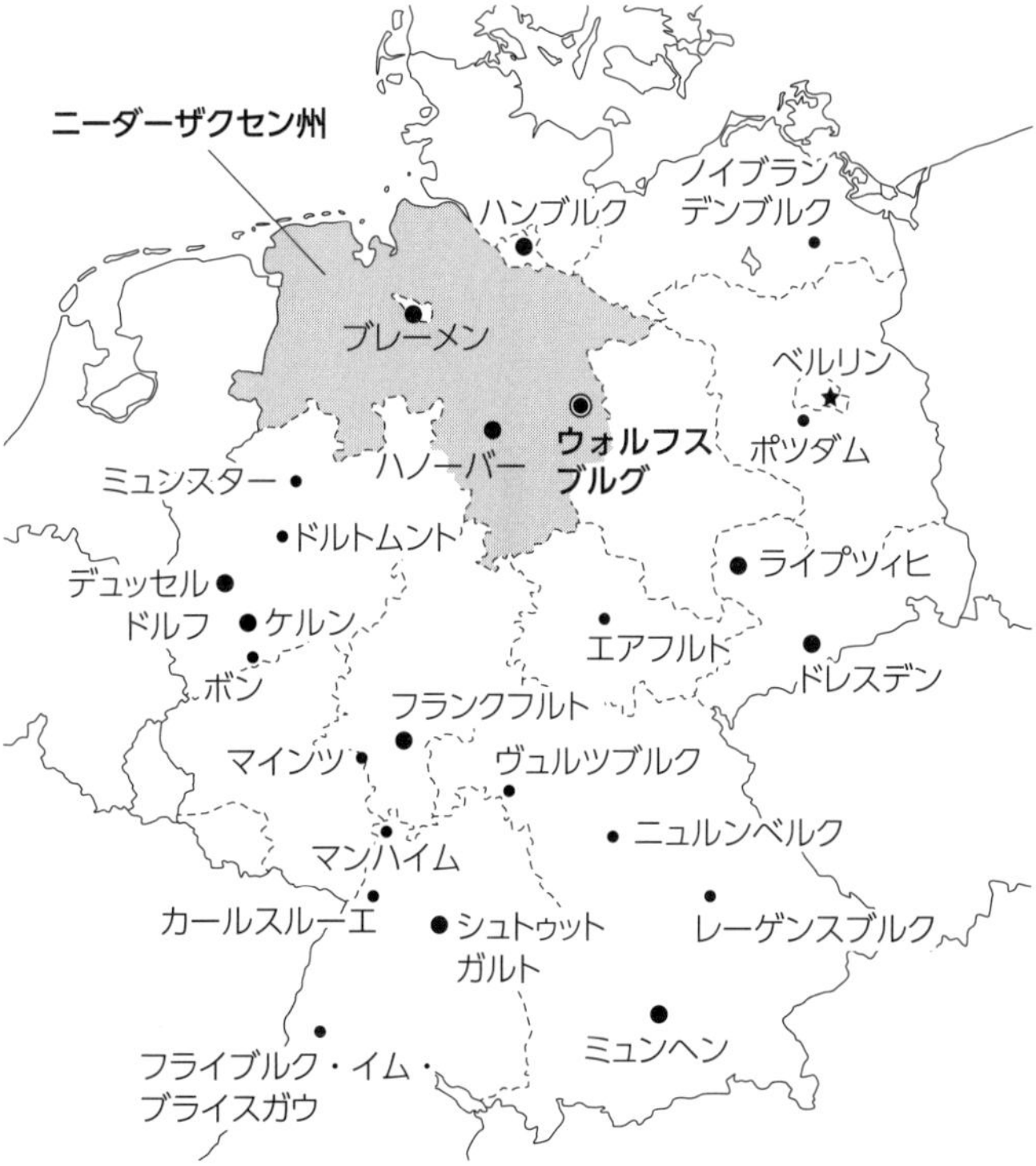

出所：筆者作成。

図表4-2　VW本社のシンボル―工場の煙突

出所：AndreasPraefcke, Wikimedia Commons
（https://commons.wikimedia.org/wiki/File:Wolfsburg_VW-Werk.jpg）

になっている。
なぜ、ＶＷの発祥の地がこのウォルフスブルグとなったのか。ここはＢＭＷ、アウディ、ベンツの本拠地がある南ドイツと違い、北ドイツである。気候的にも南の温暖なところと違い、冬の寒さが厳しいところである。それには当時の政治が関係している。ナチス政権当時、政治の中心地であったベルリンに近いこの地域には、もともと国民が余暇を楽しむための厚生施設が置かれていた。前に述べたように、ヒトラーの政策の中には大衆車構想も含まれていた。その関係で、ＶＷの生産工場が作られたのである。

ＶＷグループ（2022年時点）
会社名：フォルクスワーゲンＡＧ（AktienGesellschaft：株式会社）
創立：１９３７年5月28日
本社：ウォルフスブルグ（Wolfsburg）ドイツ・ニーダーザクセン州
従業員数：30万７３４２人
売上高：２７９２億ユーロ
利益：営業利益：２２１億ユーロ
ＶＷグループ：

・フォルクスワーゲン（ドイツ、乗用車）
・アウディ（ドイツ、乗用車）
・シュコダ（チェコ、乗用車）
・セアト（スペイン、乗用車）
・ベントレー（イギリス、高級乗用車）
・ランボルギーニ（イタリア、スポーツカー）
・ブガッティ（フランス、高級乗用車）
・フォルクスワーゲン ヌッツファールツォイゲ（ドイツ、小型バス）
・スカニア（スウェーデン、バス、トラック）
・MAN（ドイツ、バス、トラック）
・ドゥカティ（イタリア、オートバイ）
・ポルシェ（ドイツ、スポーツカー）

2 VWの世界の工場

VWグループはVW、アウディ、シュコダ、MAN、スカニアの4社で構成されている。

この4社の世界の工場を合わせると全世界１２０工場である。本拠地のヨーロッパ全体では63工場、ドイツだけだと24工場である。したがって全世界では半分がヨーロッパにあり、ドイツだけだと5分の１である。ドイツで最大の工場は創立の地で本社（Global Headquarter）のあるウォルフスブルグ、次にグループ会社であるアウディのあるインゴルシュタット、ハノーバーにはグループ会社でトラックを生産するＭＡＮの工場がある。海外では中国の上海と南京が最も大きい。またブラジルではサンパウロ、メキシコではプエブラ、南アフリカ、チェコとインドではシュコダの生産、その他ロシア、イギリス、スウェーデン、ベルギー、ハンガリー等にグループ会社の工場がある。全世界の主なる工場の立地とそこで働く従業員数は**図表４－３**のとおりである。

＊ＶＷグループの世界の工場
●ヨーロッパ：34拠点（世界全体の49％生産）
●アジア：19拠点（同37％）
●アメリカ：７拠点（同７％）
●南アメリカ：６拠点（同５％）
●アフリカ：４拠点（同２％）

アルゼンチン	Pacheco	3,679	
	Tucuman	1,008	Scania Argentina
メキシコ	Silao	1,335	
	Puebla	12,006	
	San Jose Chiapa	5,241	
アメリカ	Chattanooga	2,982	
	Springfield	1,450	
ポーランド	Starachowice	3,179	MANのトラック、バス
	Polkowice	1,282	
	Polkowice Sitech	1,596	
	Poznan	5,531	
チェコ	Mlada Boleslav	27,723	シュコダの車
	Kvasiny	6,890	
トルコ	Ankara	3,337	MANのトラック、バス
スペイン	Pamplona	4,951	
ポルトガル	Palmela	5,282	
イタリア	Automobili Lamborghini	1,779	
ハンガリー	Gyor Auto Hangaria	12,226	
イギリス	Crewe, Bentley Motor	3,893	
フランス	Saint-Nazaire	630	MAN Diesel
	Angers-Scania France	944	
ベルギー	Audi Brussels	3,076	
インド	Pune-Skoda Auto	3,743	
	Aurangabad-Skoda Auto	635	
	Aurangabad-MAN Energy	388	

図表4-3　各工場の従業員数

ドイツ	Wolfsburg	51,712	（本社）
	Hanover	13,132	
	Brunswick	6,372	
	Emden	8,834	
	Osnabruck	2,421	
	Salzgitter	2,453	MANのトラック
	Munich	9,121	
	Augsburg	4,269	MANのディーゼル
	Ingolstadt	41,719	アウディの車
	Nuremberg	3,662	MANのトラック、バス
	Deggendorf	512	MANのディーゼル、トラック他
中国	Shanghai（Anting）	17,284	
	Changchun	21,053	
	Yizheng	2,759	
	Foshan	5,151	
	Changsha	2,799	
	Chengdu	6,814	
	Nanjing	2,886	
	Qingdao	3,289	
ブラジル	Sao Paulo	4,113	
	Curitiba	2,238	
	Taubate	3,031	
	Resende	1,085	MANのトラック

ロシア	Kaluga	4,084	
デンマーク	Copenhagen-MAN Diesel & Turbo	1,377	
	Frederikshavn-MAN Diesel	438	
スウェーデン	Oskarshamn-Scania	928	
	Sodertalje-Scania	16,466	
	Lulea-Scania	499	
南アフリカ	Kariega	3,930	
	Johannesburg-Scania	666	
	Olifantsfontein-MAN	195	
	Pinetown-MAN	103	
マレーシア	Kuala Lumpur-Scania	258	
	Serendah-MAN	58	
タイ	Amphur Pluakdaeng Rayong	172	
台湾	Ping Chen-Scania	47	

出所：VW annual report 2021をもとに筆者作成。

3 VWグループ―アウディ

アウディの概要は次のとおりである。

Audi AG
設立：1909年
創立者：アウグスト・ホルヒ
本社：ドイツ・バイエルン州インゴルシュタット
従業員数：9万783人（2020年）
売上高：618億ユーロ（2022年）
利益：75億5000万ユーロ（2022年）
主要株主：フォルクスワーゲン

（1）4社の合併による誕生

アウディのエンブレムは、オリンピックの五輪のマークにも似た、横並びの4つの輪である。第一次世界大戦後、アメリカの自動車メーカーが進出し、ドイツの自動車会社を脅かしていた。これに対抗するため、ザクセン州に本拠を置く中堅自動車メーカーであったＤＫＷ、アウディ、ホルヒ、ヴァンダラーの４社が合同し、アウトウニオン（Auto Union：自動車連合）を結成した。エンブレムの４つの輪はこの４社連合を意味している。

●ＤＫＷ

ＤＫＷは１９１４年、デンマーク人の機械技術者イエルゲン・ラスムッセン（Jorgen S. Rasmussen：1878-1964）がドイツに渡り設立した自動車メーカーで、ザクセン州のケムニッツで蒸気自動車の試作から始まった。ＤＫＷの名前は、ドイツ語の蒸気自動車を意味する“Dampt Kraft Wagen”の頭文字から来たものである。蒸気自動車の試作は失敗したが、その後２ストロークエンジンが開発された。小さくてパワーの出るこのエンジンはオートバイに最適であり、ＤＫＷの小型オートバイは高性能で人気となった。１９２８年にはさらに四輪車に進出し、先進的な小型大衆車を市場に送り出した。同年、清算の危機にあったアウディの過半数株を取得することにより同社を救済し傘下に収めた。

●ヴァンダラー

ヴァンダラーは、１８８５年に自転車輸入会社「ケムニッツァー自転車倉庫社」として設立され、1896年からはザクセン州ケムニッツで自転車の自社製造を始めた。1902年からオートバイ生産に参入、さらに1903年からは小型自動車の開発を始め、小型でありながら耐久性に優れ1920年代半ばまで長期生産されるヒット商品も生まれた。これによってヴァンダラーはドイツの小型乗用車業界を代表するメーカーに成長した。

その後戦争によって民生用の自動車生産は終了し、軍事品の生産に切り替わった。戦後は旧ソビエトの占領下になり、技術者たちはインゴルシュタットに逃れたのであるが、それが今のアウディの本拠地であることにつながっている。

●ホルヒとアウディとの関係

DKW、ヴァンダラー、アウディ、ホルヒの4社連合の中で、のちの社名となったアウディとはどのような会社だったのだろうか。

アウディ（Audi）はラテン語で「聞く」という意味の“Audio”が語源である。アウディを設立したアウグスト・ホルヒ（August Horch：1868-1951）の“Horch”はドイツ語の「聞く」を意味する“horchen”から来ており、これをラテン語に訳した言葉にちなんだ名前とされている。

ホルヒはもともとメルセデス・ベンツで工場長を務めた後に独立し、ザクセン州で1901年から高性能、高品質の自動車生産を開始し名声を得た。しかしホルヒは高性能の技術にこだわって経営面ではうまく行かず、1909年には経営陣から追放された。そこで自らさらに別のホルヒという名のついた会社を設立し自動車生産を開始したが、元のホルヒの抗議によって同一社名、車名を使うことが差し止められた。そこでホルヒは、社名をアウディにしたのである。

アウディは1956年から1964年までダイムラー・ベンツの支配下にあったが、1964年以降はVWの傘下になっている。

(2) 本拠地インゴルシュタット

4社で結成されたアウトウニオンは第二次世界大戦後、ザクセン州からバイエルン州のミュンヘンに近いインゴルシュタットを新天地として再出発する。それが今のアウディの本社、工場のあるインゴルシュタット（Ingolstadt）である。

インゴルシュタットはミュンヘンから電車で1時間ほどのところにあり、ミュンヘン郊外に位置する静かな住宅地である。街には、小さな地方都市を思わせる商店街やレストランがある。本社、工場、ミュージアムからなるアウディ本拠地は、インゴルシュタット駅から巡回バスで十数分のところにある。アウディの城下町といえるほど多くの住民がここで働き、関係を持っている。駅からの巡回バスはアウディの工場の中まで入っていき、エリアを区切るゲートはない。インゴルシュタットは街と工場とが一体となっている。

工場では年間50万台の自動車が作られ、ドイツ国内をはじめ海外にも輸出されている。日本に輸出される自動車は主にここから輸出されている。完成した自動車は、工場内に引き込まれた自動車

図表4-4　アウディの本社（ドイツ、インゴルシュタット）

出所：Audi Media Center

専用鉄道によって北海に面したエムデン港に運ばれ、ここから毎回2000〜6000台の車が日本に輸出されている。

今、アウディの工場は世界で計8カ国にある。

- ドイツ：インゴルシュタット本社工場、ネッカーズルム工場、ベーリンガーホーへ工場
- メキシコ：サンホセチアパス工場
- スロヴァキア：ブラティスラヴァ工場
- スペイン：マルトレル工場
- ハンガリー：ジュール工場（世界最大）
- ベルギー：ブリュッセル工場
- インド：アウランガーバード
- 中国：長春市、仏山市

インゴルシュタットの本社、工場に隣接してAudi Forum Ingolstadtがある。ここは工場見学ツアー、車のミュージアム、グッズの買い物、映画、さまざまなイベント、レストラン、会議場を備えており、車のバイヤーや見学者など年間約40万人が訪れている。

また、もう1つの本拠地であるネッカーズルム（Neckarsulm）は、アウディの購入者が新車を受け取りに来るところであり、毎日150台ほどの受け渡しが行われている。そこは見学者が別のブランドの車を試乗して直接体験できるところでもある。

4 テーマパークとしてのアウトシュタット

アウトシュタット（Auto Stadt）は、VWの敷地内にある自動車テーマパークである。ここにはVW車のミュージアム、遊園地、ホテル、購入した車を受け取れるカスタマーセンターなどがある。2000年のハノーバー万博に合わせてウォルフスブルグ市とVWが共同で作った自動車テーマパークである。万博を開催したハノーバーはここから75キロほどのところにあり、この機会にVWの町を知ってもらおうと計画して作られた。現在では年間200万人が訪れるまでになった。駅から歩いて5分ほどのところにあり、VWの工場見学とあわせて訪れる人も多い。

ここには、自動車サイロと呼ばれる穀物サイロに似た円柱形のビルがある（図表4－5）。ここは注文した車がそれぞれの階に順序良く納車されている。購入者はナンバープレートを居住地の陸運事務所で受け取り、ここへ来て、この自動車サイロから出てきた車につけてもらうのである。ドイツでは車をディーラーからではなく、直接工場引き渡しで受け取ることもできる。出来上がった車がサイロから出てきて納車式が行われ、初めて自分の車と対面する。遠方から来た人はテーマパーク内にあるホテルに宿泊もできる。ミュージアムはＶＷの歴代の車のほかにアウディやチェコのシュコダ、ポルシェも並べられている。

図表4-5　アウトシュタットの自動車サイロ

出所：Ralf Roletschek, Wikimedia Commons（https://commons.wikimedia.org/wiki/File:14-01-18-autostadt-wob-037.jpg）

また、ミュージアム内には24時間営業のレストランがある。ここはウォルフスブルグと一体となって作ったテーマパークである。ウォルフスブルグの街には夜中でも食べられるレストランがないこともあり、ここは24時間営業となっている。多くの人が、ここの一番の人気メニューであるカレー風味のケチャップをまぶしたソーセージを食べている。このソーセージはＶＷの工場内で今でも作られており、自動車の部品と同じように番号がつけられている。ＶＷがここに工場を作ったころ、小さな村にはレストランもなく、社員食堂で提供していたソーセージが労働者の間で人気メニューとなり、それならと工場内で作ったのが始まりである。そのソーセージが街にも広まり、マーケットでも販売されるようになった。また、このすぐ前には運河が流れており観光船も往来するのどかな光景である。日本でも、自動車会社の工場は地域社会への貢献として広く一般にも開放して工場見学を受け入れているところが多いが、それに隣接する形でテーマパークまでも作っているところは他にない。町と会社が一体となったアウトシュタットは、新しいまちづくりのモデルになるかもしれない。

また、ここに来た人は隣にある工場見学もできる。約30名を上限に、見学用の電気自動車に乗って工場内を1時間ほどかけて作業工程を見学して回る。コロナ以前は1日約２０００名の見学者があったという。しかし、コロナ発生後、現在は見学者は受け入れていない。筆者が工場見学したのは２０２２年の6月であるが、調査研究ということから、特別の計らいで小型電気自動車に乗り説明を受けて回った。日本の自動車工場と比べ工場構内は極めて広く、構内の移動は自転車を使用している。日本の自動車工場と同じくロボットが至るところで活躍している。ただ、印象的だったのは働く現場の近くに飲み物の自動販売機があったり、音楽を聴きながら働いている姿であった。自動化による効率的な生産システムに加え、働き方に配慮したフレキシブルな様子がうかがえた。

図表4-6　アウトシュタットの概観

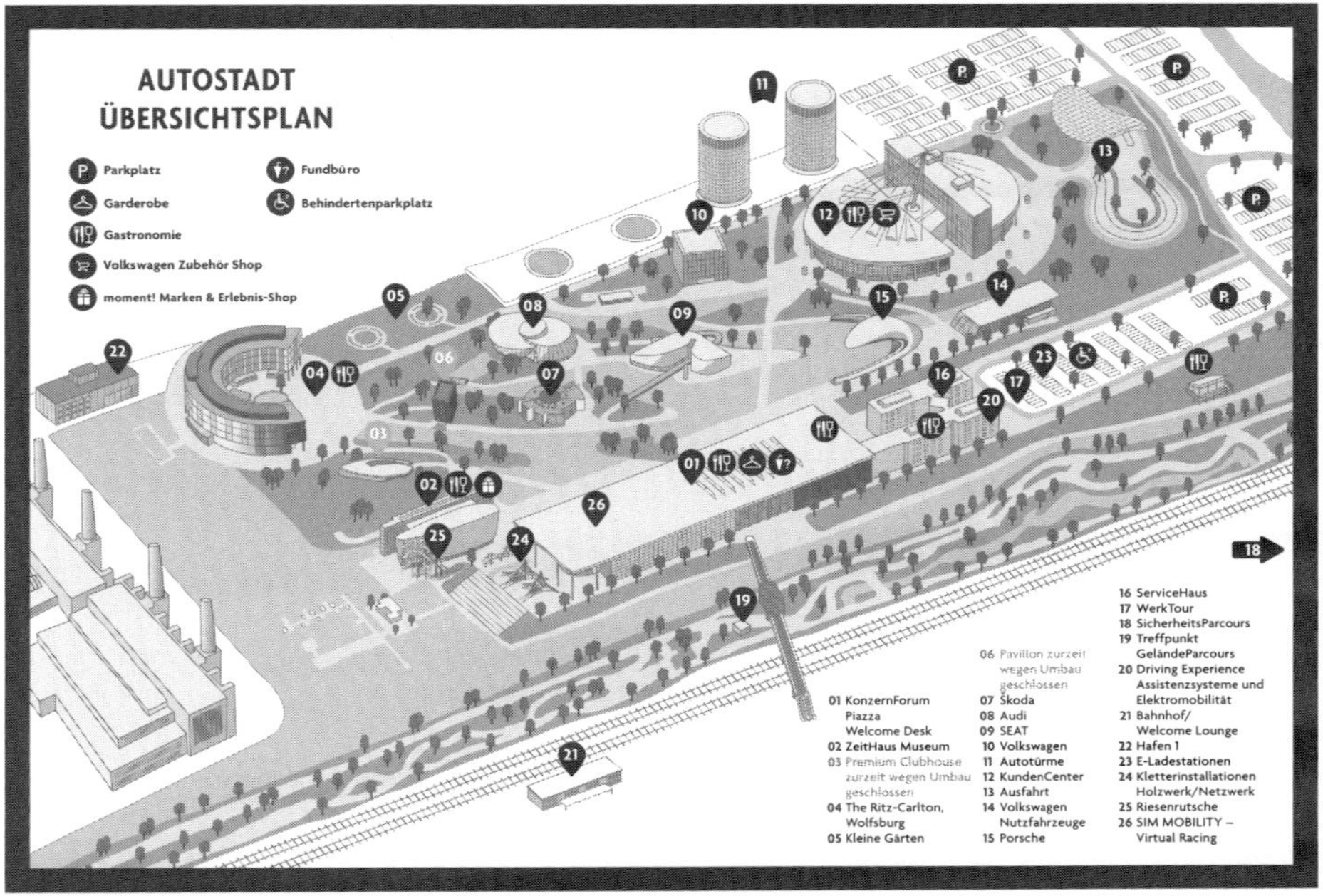

出所：Autostadtウェブサイト（https://www.autostadt.de/）。

フォルクスワーゲンの現在の経営体制

第5章

1 経営体制

ＶＷグループは現在、大きくは自動車部門と金融サービス部門の2つからなっている。自動車部門は乗用車、商用車、パワーエンジニアリングの事業の領域である。具体的には車、エンジン、ソフトウエアの開発、そして乗用車、軽商用車、トラック、バス、オートバイの生産、販売を行っている。また、部品、大型のディーゼルエンジン、ターボマシン、コンポーネントも同様である。モビリティソリューション分野は徐々にその幅が広がりつつある。ドゥカティ（Ducati）ブランドはアウディ傘下に入り乗用車部門の事業領域になった。ナビスター（Navistar）は２０２１年7月1日から商用車事業部門のブランドに加わった。金融サービス部門の活動はディーラーや顧客財務、車のリース、直接的な銀行、保険活動、フリートマネジメント、モビリティサービスが含まれる。

＊ＶＷグループの全体構造

- 乗用車事業部門：ＶＷ、シュコダ、セアト、ＶＷ商用車、アウディ、ベントレー、ポルシェ、その他の車
- 商用車事業部門：スカニア、ＭＡＮ商用車、ナビスター
- 金融サービス部門：顧客財務、リース、直接銀行、保険、フリート、モビリティ、ディーラー

料金受取人払郵便

神田局
承認
7635

差出有効期間
2024年４月30
日まで

郵便はがき

１０１-８７９６

５１１

（受取人）
東京都千代田区
神田神保町１－41

同文舘出版株式会社
愛読者係行

毎度ご愛読をいただき厚く御礼申し上げます。お客様より収集させていただいた個人情報は、出版企画の参考にさせていただきます。厳重に管理し、お客様の承諾を得た範囲を超えて使用いたしません。メールにて新刊案内ご希望の方は、Ｅメールをご記入のうえ、「メール配信希望」の「有」に○印を付けて下さい。

図書目録希望	有	無	メール配信希望	有	無

フリガナ お名前		性　別 男・女	年　齢 才
ご住所	〒 TEL　　（　　）　　Ｅメール		
ご職業	1.会社員　2.団体職員　3.公務員　4.自営　5.自由業　6.教師　7.学生　8.主婦　9.その他（　　　）		
勤務先分類	1.建設　2.製造　3.小売　4.銀行・各種金融　5.証券　6.保険　7.不動産　8.運輸・倉庫　9.情報・通信　10.サービス　11.官公庁　12.農林水産　13.その他（　　）		
職　種	1.労務　2.人事　3.庶務　4.秘書　5.経理　6.調査　7.企画　8.技術　9.生産管理　10.製造　11.宣伝　12.営業販売　13.その他（　　）		

愛読者カード

書名

◆ お買上げいただいた日　　　　年　　月　　日頃
◆ お買上げいただいた書店名　（　　　　　　　　　　）
◆ よく読まれる新聞・雑誌　（　　　　　　　　　　）
◆ 本書をなにでお知りになりましたか。
1．新聞・雑誌の広告・書評で　（紙・誌名　　　　　　）
2．書店で見て　3．会社・学校のテキスト　4．人のすすめで
5．図書目録を見て　6．その他（　　　　　　　　　　）

◆ 本書に対するご意見

◆ ご感想

●内容	良い	普通	不満	その他（　　　　）
●価格	安い	普通	高い	その他（　　　　）
●装丁	良い	普通	悪い	その他（　　　　）

◆ どんなテーマの出版をご希望ですか

<書籍のご注文について>

直接小社にご注文の方はお電話にてお申し込みください。宅急便の代金着払いにて発送いたします。1回のお買い上げ金額が税込2,500円未満の場合は送料は税込500円、税込2,500円以上の場合は送料無料。送料のほかに1回のご注文につき300円の代引手数料がかかります。商品到着時に宅配業者へお支払いください。

司文舘出版　営業部　TEL：03－3294－1801

図表5-1　VWグループとそのブランド

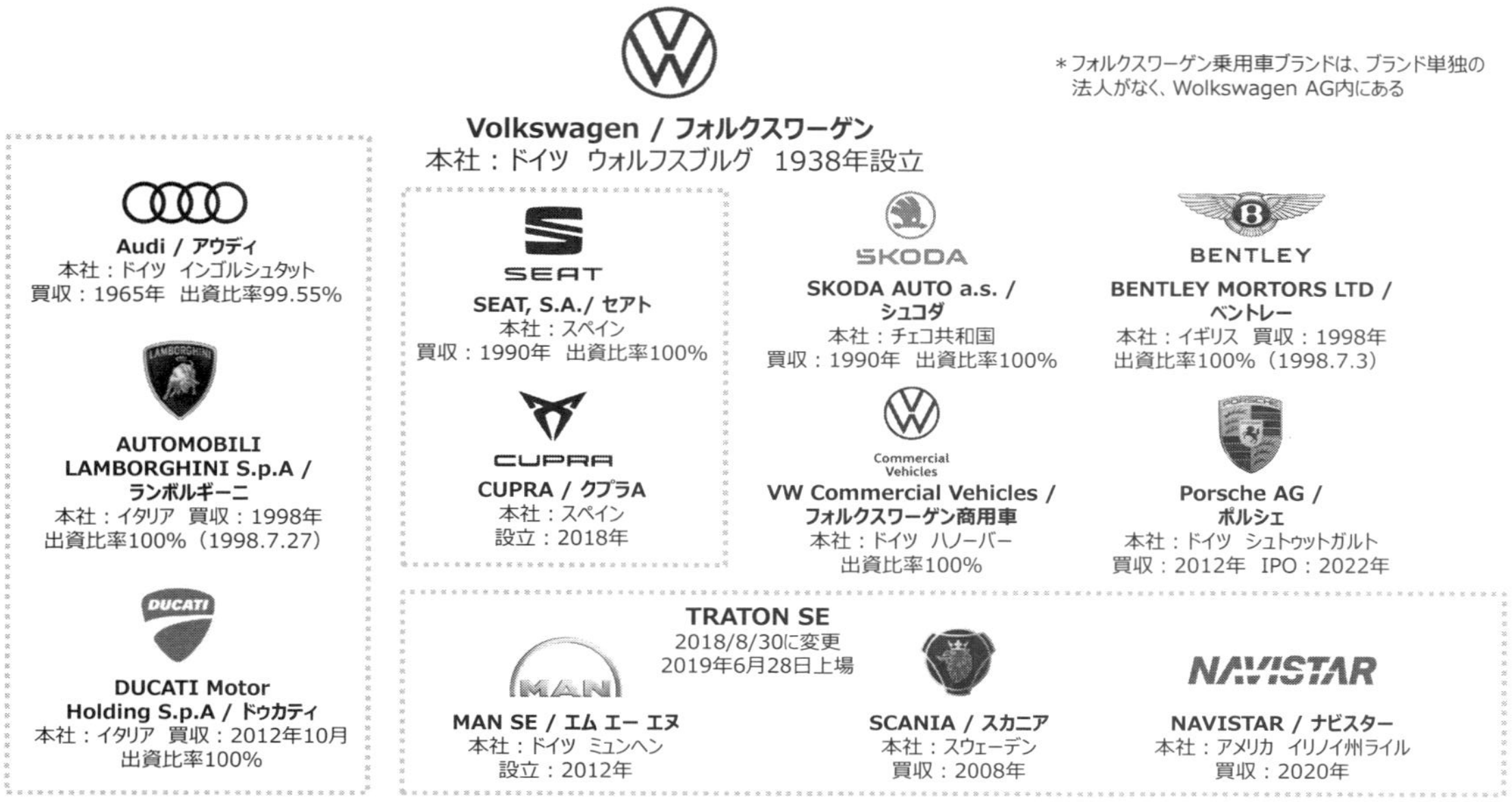
＊フォルクスワーゲン乗用車ブランドは、ブランド単独の
法人がなく、Wolkswagen AG内にある
Volkswagen / フォルクスワーゲン
本社：ドイツ　ウォルフスブルグ　1938年設立
Audi / アウディ
本社：ドイツ　インゴルシュタット
買収：1965年　出資比率99.55%
AUTOMOBILI
LAMBORGHINI S.p.A /
ランボルギーニ
本社：イタリア　買収：1998年
出資比率100%（1998.7.27）
DUCATI
DUCATI Motor
Holding S.p.A / ドゥカティ
本社：イタリア　買収：2012年10月
出資比率100%
SEAT
SEAT, S.A./ セアト
本社：スペイン
買収：1990年　出資比率100%
CUPRA
CUPRA / クプラA
本社：スペイン
設立：2018年
SKODA
SKODA AUTO a.s. /
シュコダ
本社：チェコ共和国
買収：1990年　出資比率100%
Commercial
Vehicles
VW Commercial Vehicles /
フォルクスワーゲン商用車
本社：ドイツ　ハノーバー
出資比率100%
BENTLEY
BENTLEY MORTORS LTD /
ベントレー
本社：イギリス　買収：1998年
出資比率100%（1998.7.3）
Porsche AG /
ポルシェ
本社：ドイツ　シュトゥットガルト
買収：2012年　IPO：2022年
TRATON SE
2018/8/30に変更
2019年6月28日上場
MAN
MAN SE / エム エー エヌ
本社：ドイツ　ミュンヘン
設立：2012年
SCANIA / スカニア
本社：スウェーデン
買収：2008年
NAVISTAR
NAVISTAR / ナビスター
本社：アメリカ　イリノイ州ライル
買収：2020年

出所：VWジャパン資料。

2 コーポレートガバナンスと共同決定法

(1) 共同決定法とは

ドイツのコーポレートガバナンスを考える場合、その背景となるのが「共同決定法（Mitbestimmung）」の考え方である。

企業を経営する場合、基本となるのが企業を経営する雇用者側（資本家側）と、そこで働く被雇用者側（労働者側）との労使関係である。労働者の代表を経営における意思決定に参加させることで、両者が対立するのではなく、共同の経営体制で進むべき道筋を見出そうというのが、ドイツの共同決定法の基本的な趣旨である。社会の構成員がみんなで考えようとする民主主義の考え方をもとに、企業においても同じように考えようとすることから「産業民主主義（Industrial Democracy）」とも呼ばれている。

これは、イギリスの経済学者であるウェッブ夫妻（Sidney Webb：1859-1947、Beatrice Webb：1858-1943）が1897年に『産業民主制論』を著したのが契機となっている。これは資本家対労働者という階級闘争ではなく、労働者にも一定の自由と権限を与えようとする考え方であり、現在の労使関係制度の基本理念に大きな影響を与えた。

図表5-2　ドイツ企業のコーポレートガバナンス

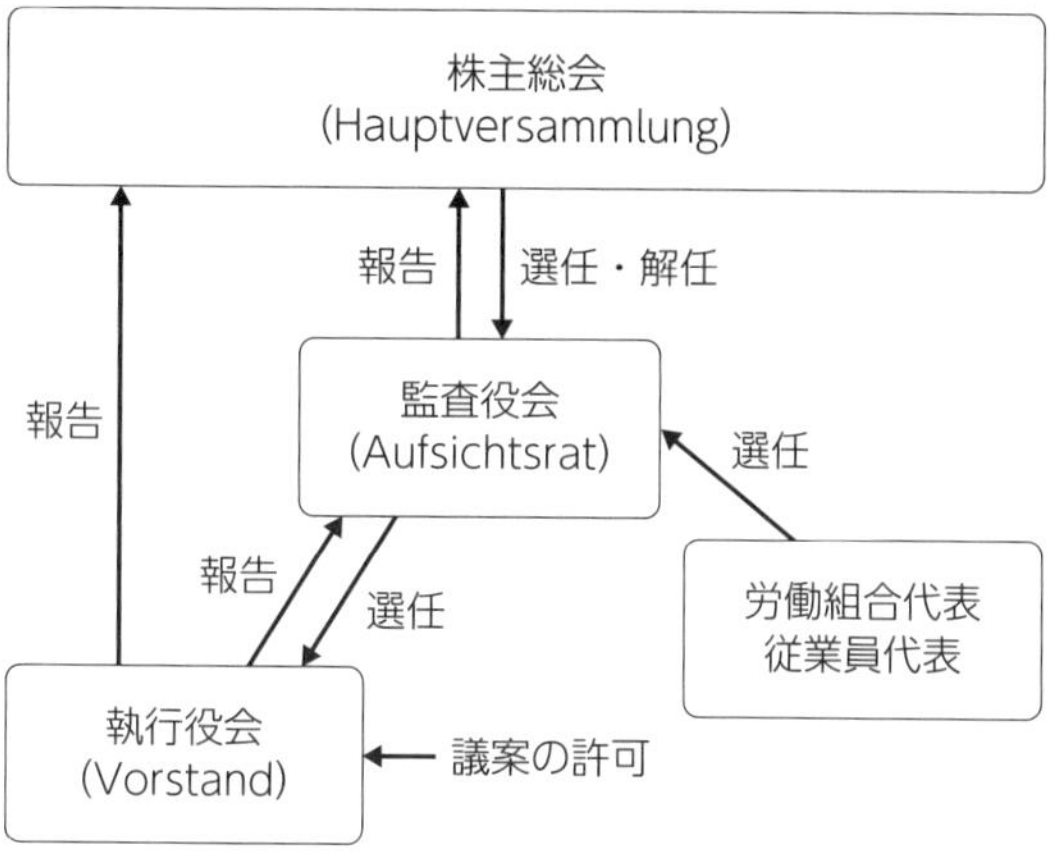

出所：筆者作成。

東西併合前の西ドイツは、日本と同様に戦後の経済復興を成し遂げた国として名高いが、この共同決定法の考え方は戦前のヒトラーによるナチズムのときからあったとされる。しかし、それがドイツ企業の間に制度化されるのは、１９７０年に発表されたビーデンコップ報告であるとされる。そこでは「従業員またはその代表者が企業内の意思決定および意思決定の過程を構成し、これに実質的内容を与える活動に制度的に参加すること」であるとした。
この共同決定法の考え方は戦後、日本企業の発展期にもその導入をめぐって議論されたこともあった。わが国では近年来のコーポレートガバナンス改革により取締役会と執行役会の分離による二重ボード制になってきているが、ドイツでは会社制度ができたときから法律で二重ボード制が制度化されている。ドイツの二重ボード制とは、監査役会（ドイツ語だとAufsichtsrat、英語だとSupervisory Board）と執行役会（ドイツ語だとVorstand、英語だとManagement Board）である。どちらが最終決定権を持つかというと、上位制度である監査役会であり、その最高責任者は監査役会議長である。ドイツ語のAufsichtsratを日本語で「監査」と訳しているが、日本で一般的に考える監査（役）よりも重い意味を持ち、「決定取締役会」と訳すべきだとの意見もある。

ドイツでは株式会社（AktienGesellschaft：ＡＧ）では必ず監査役会を設けなければならないが、従業員代表が監査役会に占める割合として、５００人以上２０００人未満の企業で３分の１、２０００人以上の企業では半分を占めることが定められている。ただし、２０００人以上の企業の監査役会議長には経営側の代表が就任することになっており、経営側の優越が担保されている。

＊戦後のＶＷの監査役会長

- １９６６〜１９７４年　ヨーゼフ・リスト（在任期間：８年）
- １９７４〜１９７９年　ハンス・ビルンバウム（５年）
- １９７９〜１９８７年　カール・ラトイエン（８年）
- １９８７〜２００２年　クラウス・リーゼン（15年）
- ２００２〜２０１５年　フェルディナント・ピエヒ（13年）
- ２０１５年　ベルトルド・フーバー（６カ月）

●２０１５年～現在　ハンス・バッチェ

＊ＶＷの歴代最高経営責任者ＣＥＯ

●１９４８～１９６８年　ハインリヒ・ノルトホフ（在任期間：20年）
●１９６８～１９７１年　クルト・ロッツ（３年）
●１９７１～１９７５年　ルドルフ・ライディング（４年）
●１９７５～１９８２年　トニー・シュミッカー（７年）
●１９８２～１９９３年　カール・ハーン（11年）
●１９９３～２００２年　フェルディナント・ピエヒ（９年）
●２００２～２００６年　ベルント・ピシェッツリーダー（４年）
●２００６～２０１５年　マルティン・ヴィンターコルン（９年）
●２０１５～２０１８年　マティアス・ミュラー（３年）
●２０１８～２０２２年　ヘルベルト・ディース（４年）
●２０２２年～現在　オリバー・ブルーメ

(2) ＶＷの共同決定体制―コーポレートガバナンス

それではＶＷのコーポレートガバナンスはどうなっているのだろうか。ＶＷでは、監査役会の20

名の構成員のうち、10名は株主代表、後の10名は従業員代表で構成される。『VW Annual Report 2022』によると、株主側の10名には、創立者であるポルシェ・ファミリーの代表はポルシェ・オートモービル・ホールディング監査役会会長のヴォルフガング・ポルシェ、フェルディナント・オリバー・ポルシェ。ピエヒ前会長も、母方の祖母がVWの創立者、フェルディナント・ポルシェであり、ピエヒ家も大株主の1人、つまりファミリーの一員である。ピエヒの妻、ウルスラ・ピエヒ、さらに弟で弁護士のハンス・ミヒャエル・ピエヒも入っている。

その他大株主からはカタール政府大臣、カタール投資庁代表の2名。ニーダーザクセン州から2名、これは州の首相や経済大臣である。このほかにハンス・ペーター・フィッシャーVW経営アソシエーション社長、それとスウェーデンの銀行トップのアニカ・ファルケングレン氏も入っている。従業員代表はVWの従業員から選ばれた代表7名、労働組合から選ばれた3名である。このように見ると、独立した社外取締役ともいうべきメンバーが極めて少ない。

＊監査役会の構成

●株主代表　10名
ハンス・ディーター・ペッチュ（会長）、フェルディナント・オリバー・ポルシェ、ヴォルフガング・ポルシェ、ハンス・ミヒャエル・ピエヒ、他企業2名、ニーダーザクセン州2名、カタール政府2名

●従業員代表　10名
ヨルク・ホフマン（副会長）、従業員9名（管理職、組合、工場長（アウディ等））

＊監査役会のサブコミッティー

●経営委員会（8名）　委員長：ハンス・ディーター・ペッチュ
●仲裁委員会（4名）　委員長：ハンス・ディーター・ペッチュ
●監査委員会（6名）　委員長：マンスナー・アルマモード
●指名委員会（4名）　委員長：ハンス・ディーター・ペッチュ

執行役会にあたるマネジメント・ボードは11人のメンバーで構成されている。

国籍別ではドイツ8人、ブラジル1人、オーストリア1人、オランダ1人である。

担当分野では、VWのCEOとポルシェのCEOの兼務、乗用車、財務、技術、中国地域、プレミアムブランド、ヒューマンリソースとトラック&バス、IT、インテグリティ・法律などである。

＊VWの株主構成と保有株式数比率（2022年12月31日現在）

●ポルシェ・オートモービル・ホールディング：31・9％
●外国の機関投資家：22・2％

図表5-3　出資構造

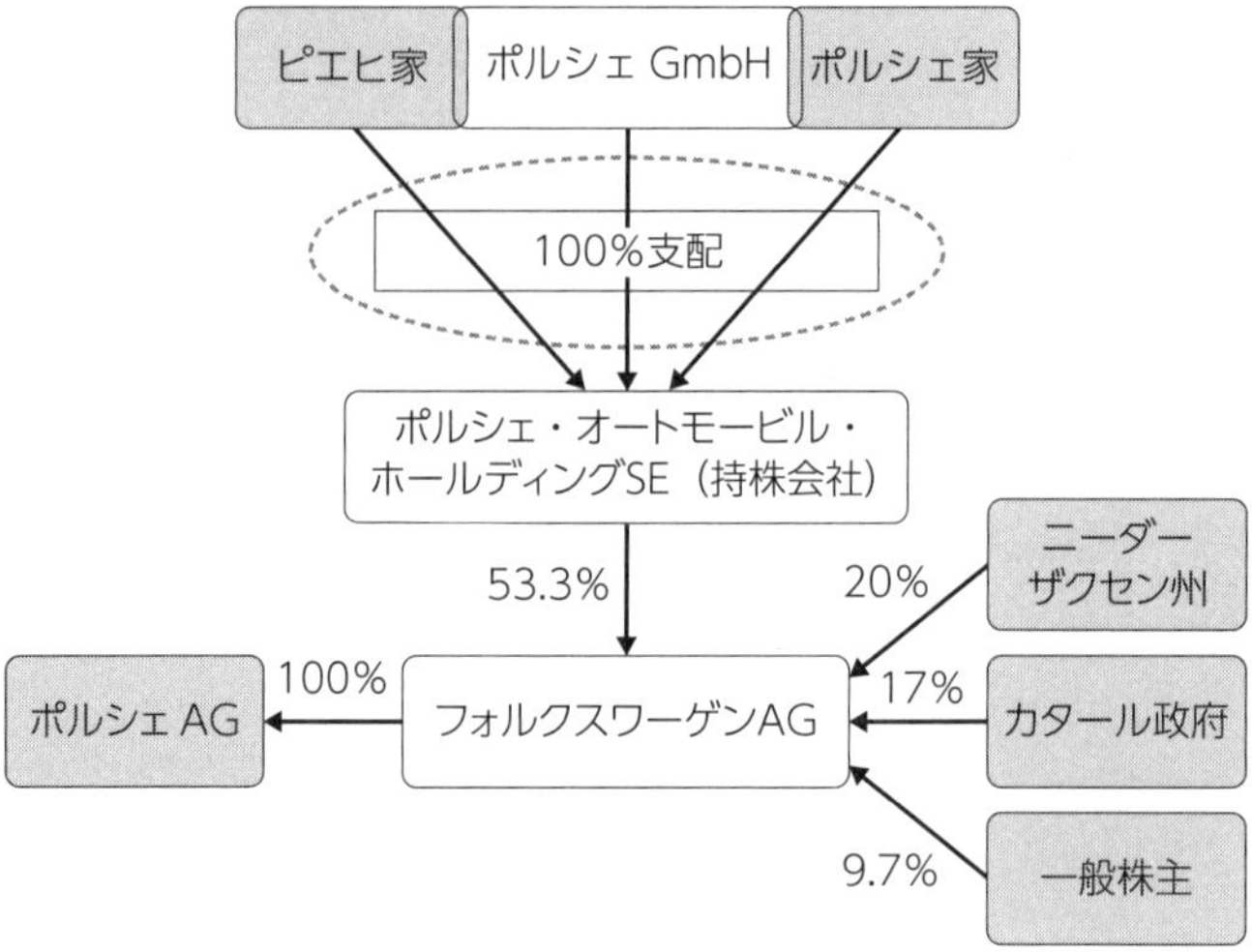

注：出資比率はすべて議決権ベース。
出所：VW Shareholder Structure 2022/VW、ポルシェ・オートモービル・ホールディングSEアニュアルレポートをもとに筆者作成。

- カタール政府：10・5%
- ニーダーザクセン州：11・8%
- 個人投資家など：21・0%
- ドイツの機関投資家：2・6%

＊VWの株主議決権の構成

- ポルシェ・オートモービル・ホールディング：53・3%
- ニーダーザクセン州：20・0%
- カタール政府：17・0%
- その他：9・7%

(3) 共同決定法の問題点

ドイツにおけるガバナンス体制の基本は、共同決定法に基づいた監査役会と取締役会の二重ボード制である。ただ、1990年代後半以降の世界的なコーポレートガバナンス改革の潮流に乗って、ドイツでも２００２年にガバナンスコードが設定された。２００２年以降、ドイツ企業を取り巻く環境や企業のガバナンスに関する意識が変化し、金融機関が企業のガバナンスに影響を与えていたが、最近は外国人を中心とした機関投資家の影響が強くなっている。ドイツの共同決定法に対しては、以前から海外の機関投資家から株主の位置づけが低いと言われてきた。

このためシュレーダー政権（1998-2005）の下、共同決定法のあり方をめぐって一時議論されたことはあったが、抜本的な改革には至らなかった。共同決定法は労使協調的な経営であり、そのことがドイツ企業の発展の基本となってきたとの見方がある。

ただ、ＶＷでは２０１５年の排気ガス不正問題を受けてガバナンスのあり方が問われた。監査役会の歪んだ問題はダイバーシティであった。このことから２０１５年のガバナンスコードでは取締役会、監査役会には女性の登用を含めダイバーシティを考慮して構成することを求めている。女性の登用については、会社法の改正を受け２０１６年１月より監査役会のメンバーのうち30％が女性で構成されることが求められている。これまでＶＷには取締役会に女性がいなかったが、排気ガス不正問題を受けて、倫理法律問題担当（Integrity & Legal Affairs）の役員ポストにChristine Hohmann Dennhard氏（女性）が任命された。

3 不正問題とコーポレートガバナンス

2015年、VWがアメリカで排気ガスの検査のときだけその値を抑えるためのコンピューターソフトを搭載させて検査をくぐり抜けてきたことが発覚し、VWの経営を揺るがしかねない大事件となった。それに対する制裁金は何兆円という莫大なものであった。

通常、自動車メーカーの不祥事といえば部品や機器の欠陥に起因するハード面での不祥事が多いが、今回はソフト面の大事件であった。今日の車はさまざまなコンピューターソフトが搭載されており、車を運転する一般の人々にはよくわからないほど複雑な仕組みになっている。これを悪用して、排気ガス規制の厳しいアメリカでの検査を一時的に逃れようとしたのである。

この事件は2015年9月にカリフォルニア大学と環境NGOによって発覚した。2009年から2015年に販売した「ゴルフ」や「ジェッタ」などのディーゼル車に不正のソフトを搭載し、大気汚染物質（NOxなど）の排出試験時に無効化機能装置（ディフィートデバイス）を働かせることにより、通常走行で規制値の最大40倍の大気汚染物質が発生していたことをごまかしていたのである。これがカリフォルニア州大気資源局（California Air Resource Board：CARB）とアメリカ環境保護庁（EPA）によって不正事件として世界に報道された。これはVWという世界の自動車産業を牽引する会社の社会的責任問題として大きなスキャンダルになった。対象となる車は世界で

1千100万台、中心はヨーロッパ全体で850万台、アメリカは48万台である。1千100万台というと、トヨタ、VWの年間販売台数に近い。またEPAは、VWグループのアウディやポルシェでも不正ソフトの使用があったことを発表した。それも会社ぐるみで行っていたことが発覚し、その社会的批判は世界的に伝播した。

なぜこのような事件が起きたのであろうか、社内のコンプライアンス体制、品質管体制の中でどうして見過ごされてきたのであろうか。自動車は鉄のかたまりが猛スピードで動いているのと同じである。相手に衝突したら大変な事故になり、死を招くこともある。便利な一方で、危険と向かい合わせであるのが自動車なのである。そのため、少しの欠陥があってもリコールの形で統括官庁に届け、無料でそれを修理しなければならないことが法令で定められている。そのリコールを逃れるため、「リコール隠し」で結果的にその会社の経営危機を招いた日本企業の例もある。

自動車に関するこれまでの不正問題は製品自体の欠陥が多かったが、VWはそれらを安全に作用させるはずのコンピューターソフトを悪用した形になる。

今、企業不祥事で恐ろしいのは、企業を取り囲むステークホルダーが厳しいことだ。不祥事は1つの事件となって世界に広がる、それもブランド力があればあるほどと社会的責任が問われるのである。ブランドへの信頼に傷がつき、その回復には相当の時間とコストがかかる。時間とコストに耐えきれなければ市場から追い出され、倒産の危機に追い込まれる。今、企業はまず法律を遵守すること、コンプライアンス体制が問われるのはこのためである。VWの不正ソフト事件は法律で定められている排気ガス規制を逃れるための不正行為であり、それをチェックするコンプライアンス体制はもちろん、コーポレートガバナンス体制のあり方も問われてくる。

4 ドイツのビジネス人材育成

(1) マイスター制度

ドイツの企業について深く知るためには、ドイツ独自の人材育成の仕組みにも目を向ける必要がある。ドイツというと職人、いわゆる「マイスター」が思い出されるが、マイスターは国家資格であり、それぞれの職種において指導的立場にある、「師匠」のような資格である。マイスターの資格をとって自ら起業する場合もあれば、その資格を元に技能を磨き、幅広い知識も習得しながら経営幹部の道へと進む場合もある。それは大学卒業と同じ資格でもあり、まず何を将来の職業にするのかを早い時期から問われるのが、ドイツ社会の教育制度でもある。

ドイツでは中世の手工業の時代から、それぞれの職種の道を究めてプロになることが1つのステータスであり、社会的にも認知されてきている。ドイツの「ものづくり」、ドイツ製品の完璧さは世界でも認知されているが、これはドイツの人材育成の基本が「マイスター制度」などに支えられた国民的なものづくり精神の賜物である。

日本もものづくり国家として世界的にも認知され、日本製品の信頼性は国際競争力の源泉になってきた。しかし、ドイツのものづくりはそれぞれの職種のプロを目指すという教育制度のあり方で、日本とは異なる。

マイスターの資格は主に「手工業マイスター」と「工業マイスター」の2種類がある。手工業マイスターには、製菓や製パン、ハム、ソーセージの食品加工、縫製装具や木工家具などがあり、マイスター取得後は起業する場合が多い。工業マイスターは手工業マイスターとは別の形で、産業革命や大量生産型による機械化を組み込んだ形で発展してきたものである。自動車整備士、産業機械工、電気設備工などがあり、マイスター取得後は企業に勤めることが多い。また、最近では営業や販売のプロを目指す「営業販売マイスター」もできている。今日のドイツの産業は、このマイスター制度から輩出されるプロフェッショナルな職能によって支えられている。

例えば、自動車会社で働く場合は「工業マイスター」の領域だが、それだけでも３００種以上もの職種に細かく分かれている。代表的なマイスターとして、金属工、車体、車両製造、精密機械製造、二輪車機械、冷却装置製造、自動車技師、情報技術者、板金細工、設備工、暖房装置、電気技術者、電気機械技師、塗装工、ガラス職人、タイヤ技術者などがある。

(2) 国家資格としてのゲゼレ

マイスターを目指すには、まずは国家資格である「ゲゼレ」（Geselle）を取得することが必要となる。ゲゼレは日本語でいう「職人」の意味にあたり、見習い期間を経て国家試験に合格し、その道のプロとなる。ゲゼレを取得するには9年間の義務教育を終えた後、約3年の職業訓練をすることになる（この期間は業種によって異なる）。

このドイツの職業訓練は「デュアルシステム」（Duales System）と呼ばれている。デュアルシステムは、学校で学ぶ理論と企業での実習を組み合わせた制度である。具体的には、まず目指す職業を選択する。そして、その職業について学ぶことができる学校に週1～2日通い、学校がない3～4日はその職業のマイスターがいる工房へ通うのである。見習い期間の間は、雇用主から給与として毎月手当が支給される。このように、学校での理論による一般的な基礎知識の習得と、研修先での実習によってその道のプロを目指していくのである。いわばＯＪＴ（On the Job Training）とＯＦＦ－ＪＴ（Off the Job Training）の組み合わせである。

ゲゼレ取得のための試験は、研修期間の中間と終了間際に行われる2回の試験である。ゲゼレ取得の後、さらにマイスターを目指す場合には専門実務試験（自作の課題作品提出）と専門の知識を問う経営、法律、経済、商業、労働、職業等に関する試験がある。落ちた科目だけ再受験することも可能であり、マイスター取得の男女比をみると、男性が約80％である。

(3) ドイツの教育制度の基本

日本の教育制度は六三三四制の単線型で、それに沿って学年が上っていく。一方のドイツは小学校である初等教育を終えた時点で、種類の異なる学校を選択する分岐型である。

ドイツでは、6歳で日本の小学校にあたる基礎学校（Grundschule）に入り、10歳（5年生）で将来の進路を選択しなければならない。選択の道はエリートコース、就職コース、専門職コースの3つである。人気とされるのが、大学に進学するための試験資格アビトゥーア（Abitur）がとれる8年制のエリートコースである「ギムナジウム」（Gymnasium）である。しかし、これには小学校4年生までの成績が良くないと進めず、また進んでも授業についていけなければ留年や他の学校に行くことになる。

小学校5年生の時点でエリートコースといわれるギムナジウムに行かずに、事務職やマイスターなどの専門職を目指したい人は実務学校である「レアルシューレ」（Realshule）に進む。「ハウプトシューレ」（Hauptschule）は、日本でいう職人を目指す学校である。しかし、今は外国籍や移民してきた生徒の学校へと変わってきている。

ギムナジウムの次に人気なのは1年から13年生まで一貫校である「ゲザムトシューレ」（Gesamtschule）である。ここで優秀な成績を収めれば大学入学の試験の資格であるアビトゥーアがとれるので、進路が決まらない生徒はこの道を選ぶ。

基本的には日本の高校卒業年齢にあたる18～19歳までは10歳で選択した道に沿って勉強し、その後はさらに高等教育を目指した総合大学（Universitat）や大学院へと進む。教育体系全体から見れば基本的に欧米、日本とはそれほどの大きな違いはないが、10歳の時点でどのような将来の道を選ぶのかという選択が迫られる。ただ、その時点以降、他の方向への道が閉ざされているわけではない。

(4) ビジネススクールの開設

ドイツと日本は第二次大戦で敗戦国となったが、戦後の経済復興はめざましく、企業の成長戦略が注目されてきた。日本は日本的な経営特徴を持ち、ドイツはドイツ的な経営特徴を持ってそれぞれの経営スタイルを基本にしながら発展してきた。

人材育成の仕方にも、それぞれの特徴がある。アメリカは早くから人材育成の方法として、ビジネススクール教育に力を入れてきた。これに対してドイツや日本には、アメリカのようなビジネススクールの存在はなかった。

ドイツでは戦後の経済復興において、ビジネススクールの意義やＭＢＡの存在意義についての声をあまり耳にしたことがない。ドイツ企業の特徴に早くから注目してきた吉森賢氏（横浜国立大学名誉教授）はそれについて、第一に、大学卒業の学士の次が博士であり、修士の学位はドイツの教育制度に結びつかないこと、第二に、ドイツは伝統的に博士の社会的威信が極めて高く、修士は中途半端な学位であると思われていること、第三に、ドイツの伝統的職業観として、経営は教えられるものではなく生来的に個人に備わっているものという考えがあることを挙げている。[1] 吉森氏がこれについて記したのは１９８０年代初めであるが、最近は少し変わってきているように思われる。

1 吉森賢『西ドイツ企業の発想と行動』。

ヨーロッパ全体でみると、半世紀ほど前から、イギリスのLondon Business School、フランスのＩＮＳＥＡＤ、スイスのＩＭＤ、スペインのＩＥＳＥ等に代表されるビジネススクールが開講されてきた。これらのビジネススクールの言語はほとんどが英語であり、学生はヨーロッパのほかに世界各国から学びにきている。

これに対してドイツはどうか。このことは日本にもいえることである。日本でも、専門職大学院と称してビジネススクールが開設され始めたのはここ十数年前である。日本では企業内教育と称して、各企業が独自に実践教育を重視しながら終身雇用制の下で時間をかけて企業内で人材を育ててきた。しかし、実践教育を重視しながらも、最近では専門的知識を習得する目的でビジネススクールの意義も注目されるようになった。

ドイツは職業教育を重視してきたが、ビジネスに関する幅広い知識と専門性を身につける視点から近年はビジネススクールが開設されるようになった。世界のビジネススクールの基準を認定するＥＱＵＩＳ、ＡＡＣＳＢ、ＡＭＢＡという３つの認証機関があるが、ドイツにはこの基準のいずれかに認定されているビジネススクールが三十数校ある（２０２[illegible]年）。この代表的なビジネススクールには、Mannheim Business School、TUM School of Management、The European School of Management and Technology、Berlin Munich School of Management、Graduate School of Management、Cologne, Leipzig Graduate School of Management、Frankfurt School of Finance and Management 等である。ただ、ドイツにビジネススクールが開設されたといっても、隣国フランスやスイス、イギリス、そしてアメリカには、歴史的にも教授法でもそれぞれの特徴を持った著名なビジネススクールがある。グローバルな人的ネットワークも作るために、自国ではなくそれらの国のビジネススクールで学ぼうとする人も多い。

第6章

フォルクスワーゲンの中国戦略

1 中国の自動車産業とVWの進出

(1) 中国の自動車産業

中国は今、世界最大の自動車生産国である。1977年に鄧小平による「改革開放」政策を打ち出した当時には考えられなかったほどの劇的な変化が、約半世紀の間に起こった。人口14億人を抱える中国では、生活水準の向上とともに自動車の所有は計り知れないほどになる。今、中国における自動車の生産は、中国国内向けだけでなく、海外にも輸出されている。

1970年代初め、筆者がニューヨークでアメリカの自動車産業を調査していたとき、中国には自動車がないと思っていたが、「紅旗」という中国産の自動車があることを初めて知った。これは毛沢東が愛した要人用の車で、当時のソ連(現ロシア)からの技術導入によって作られた車であった。

中国では他に自動車産業がなかったのかというと、そうではない。当時は軍事品のトラックが自動車産業の中心であり、中国各地の大都市で作られていた。1931年「民生」(ミンション)というトラックが中国の自動車製造で始まったといわれている。したがって、中国では今から90年ほど前に当時のソ連からの技術によってトラック生産を始めていた。

1947年、毛沢東が社会主義中国を率いるようになってから自らの力を基本とする「自力更生路線」を発表し、１９５１年には国内の自動車メーカー「第一汽車製造」を設立することになる。また、１９５０年代には自動車部品の生産から組み立てまで一貫して行える生産システムもいくつか完成した。その後、毛沢東による中国は農業、工業の大増産を目的とした大躍進期（１９５８〜１９６０年）に入る。北京汽車や南京汽車に続く主要メーカーが現れ、乗用車試作が各地で行われたが、技術力に乏しく商品化するには至らなかった。その中で１９５８年乗用車として初めて一般販売されたのが第一汽車の「紅旗」である。紅旗は毛沢東が愛用したことで政府幹部の御用達高級車ブランドとして中国国内で認知されるようになった。

毛沢東は中国共産党の掲げる社会主義社会の建設を掲げてスタートし、アメリカに10年で追いつく政策を掲げ、重化学工業政策を推し進めた。この政策の中で自動車生産も各地域で試みられた。毛沢東は重化学工業政策を推し進めるあまり農業をなおざりにし、結果として中国全土で大飢饉を招くことになる。それを批判した鄧小平との権力争いが続いたが、１９７６年の毛沢東の死によって中国社会主義体制は大きく変わることになる。毛沢東の後を受けて登場した鄧小平による「社会主義市場経済」の建設である。

(2) ＶＷの中国進出

１９７０年代後半から始まった鄧小平による「改革開放」政策の下で、外国資本による産業育成策が進められた。自動車産業の育成もその１つの重要政策として内外に解放された。その口火を切ったのが、ドイツのＶＷによる中国進出である。日本では改革開放政策の下、松下電器産業（現パナソニック）などがテレビの生産において早期に進出したが、その後に発生した天安門事件（１９９０年６月に若者たちが北京の天安門に集まり民主化を要求したことに対して当局が武力で鎮圧した）を契機に日本企業の中国進出は冷え込み、自動車産業も直接投資を躊躇した。そのような中にあってドイツは当時のコール首相（1930-2017、首相在任期間：1982-1998）が直接北京を訪問し、鄧小平との間で中国進出を約束した。

その締結によって、ＶＷは上海に本拠を置く上海汽車との提携で合弁による自動車生産を１９９１年に始めることになる。日本の自動車産業の中国進出はこれから10年後の２０００年初めからである。ＶＷが上海で作り始めた車が、上海や北京を始め中国全土で目にする「サンタナ」である。このサンタナは一時日産自動車との提携で日本でも発売されていた。この車の、ボティが高くシンプルなデザインで頑丈なところを筆者も気に入り、愛車として乗っていた。一時は人気があったが日本市場では期待したほど伸びず、日産はＶＷとの提携を打ち切り発売も中止した。

他方、中国でのサンタナは一般にも大きく広がり、ＶＷブランドは中国市場を席巻して今でもトップブランドとなっている。中国でのサンタナ生産は、１９９１年に中国最大の自動車メーカーとして知られていた中国第一汽車製造廠（通称：長春第一自動車工場）との合弁契約を締結したときから始まる。当時中国側が日本側に合弁契約を持ちかけたとき、トヨタが中国市場を危惧して消極的だったところに、当時のコール首相のトップ外交により一気に進んだ。

サンタナは高関税率で輸入品との競争から守るなどの優遇措置を受け、順調に販売が進んだ。１９８０年代後半からの高度成長期で基幹道路も整備される中、他の海外自動車メーカーも中国進出を考えた。しかし、中国政府はＶＷに国産部品を使用させる対価として、ＶＷ以外の海外自動車メーカーの中国進出を許さなかった。その政策に沿った形で部品の国産化率も85％に引き上げた。

(3) 中国自動車産業の発展

その後、中国政府はＶＷの独占になることを恐れ、１９８０年代終わりから１９９０年代初めにかけてＧＭ、ホンダ、プジョー、シトロエングループ、フォードなどに中国企業との合弁を認可していく。合弁会社設立の際は中国側が51％以上の株式を所有することで経営権は外資に手放さず、生産技術を吸収することを目指してきた。

中国では当時「三大三小二微」と呼ばれる乗用車のプロジェクトを進めていた。「三大」とは上海と長春のＶＷ（ドイツ）と、武漢のシトロエン（フランス）の国家レベルの現地生産計画である。「三小」は地方の計画を国が追認する形で、広州のプジョー（フランス）と北京のクライスラー（アメリカ）、天津のダイハツ工業のプロジェクト、「二微」は排気量１０００cc以下の軽自動車で重慶のスズキ、安順の富士重工業（現スバル）のプロジェクトである。三大三小に含まれる日本の自動車メーカーはダイハツだけであった。この天津で作られていたダイハツの車が、北京でタクシーとして使われていた軽四輪でワゴンタイプのものである。

現在の中国での自動車産業は次のとおりである。これらの企業は中国の「ビッグ5」といわれ、いずれも国有企業である。

- 第一汽車（ファースト・モーター）1953年設立
海外提携企業：VW、トヨタ、ダイハツ、マツダ
- 東風汽車（ドンファン・モーター）1969年設立
海外提携企業：ステランティス、ルノー、日産自動車、本田技研工業、起亜自動車
- 上海汽車（シャンハイ・オート・モーティブ）1958年設立
- 長安汽車　1862年設立
海外提携企業：マツダ、スズキ、フォード
- 奇端汽車　1997年設立
海外提携企業：ジャガー、ランドローバー

ただ、現在最大の販売力を誇るのは、1984年の設立で私有企業である長城汽車である。今、中国の統計に入る自動車会社では長城汽車、上汽集団、中国長安、吉利グループである。

2 VWの中国自動車市場

今、中国は生産台数と販売台数を見ても世界最大の自動車市場になっている。日本の自動車産業も最大の海外市場といえば、今やアメリカではなく中国である。これはVW、ベンツ、BMW、アウディ、GM、フォードにしても同じである。特にドイツ企業の中国市場への進出は革新的である。その代表であるVWは、最初に進出したサンタナブランドの普及によって飛躍的な成長を遂げている。今、VWは中国には上海に1万7000名、長春に2万1000名の従業員数、その他の6カ所でそれぞれ数千名の従業員を擁し、合計8カ所の事業拠点を持っている。この事業規模は世界各地域に拠点を持つVWにおいても、ドイツに次ぐ第二の重要拠点になっている。VWの中国進出は際立っているが、他のドイツの重要産業においても中国進出は大きなウエートを占めている。2005年に就任したメルケル首相は、在任16年間で12回中国を訪問し、緊密な関係を築いてきた。政治経済絡みでドイツの中国への思い入れは格別である。

しかし、ドイツでは天安門事件以降、中国の人権問題に対する批判が高まっている。人権等の対話の機会である「独中法治国家対話」は今でも続いている。このような対話を進める中で、メルケル首相には、ドイツとの経済関係の強化が中国の人権問題等への価値観の変化につながるとの期待感があった。しかし、近年では中国がアメリカに次ぐ世界第二のGDPとなり、経済力と軍事面で

図表6-1　中国における自動車販売の推移

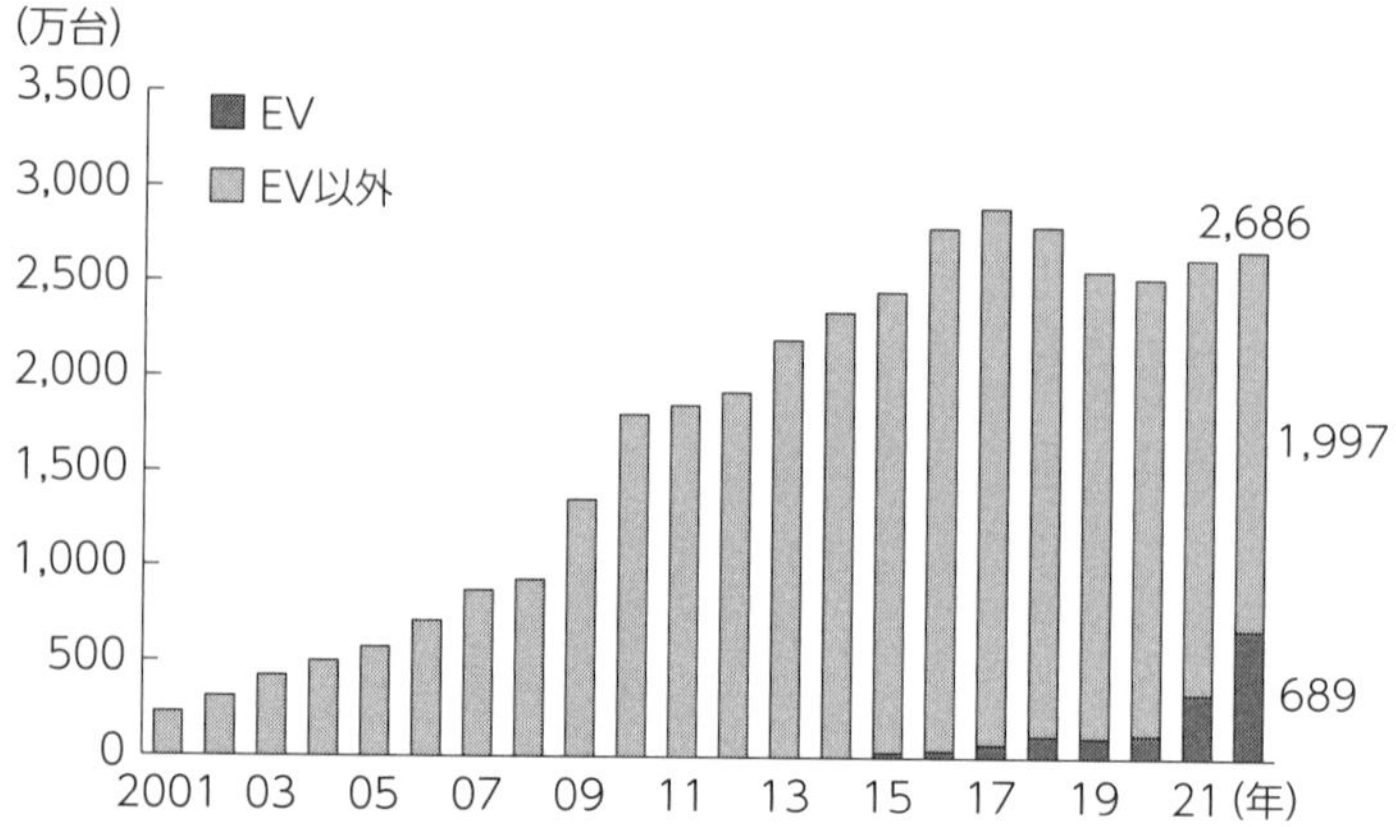

出所：関志雄「中国経済新論：実事求是　EVシフトをテコに日本を追い上げる中国の自動車産業」(2023年6月19日) 経済産業研究所ウェブサイトより。

の強化が世界に脅威を与えている。ドイツでも、貿易を中心とした極端な中国依存に懸念の声が上がっており、ドイツ産業連盟（Bundesverband der Deutschen Industrie：ＢＤＩ）は２０１９年１月に公表した提言の中で、ドイツ企業に対して中国依存を改めるよう促している。
ドイツと中国間の直接投資残高は双方で２０１６年まで右肩上がりで上昇してきたが、２０１７年からは横ばいになってきている。これは２０１６年の中国企業の家電メーカーであるミデア（美的集団）によるドイツの老舗ロボットメーカーのクーカー社（ＫＵＫＡ）の買収を機に、ドイツの対内投資規制が段階的に強化されたことが影響している。最大の輸出品目である自動車で見ると、中国はアメリカ、イギリスに次ぐ3番目の輸出先となっており、ドイツは貿易面で中国のみに依存しているわけではない。しかし、個別の自動車会社の販売台数を見ると、進出先での生産と販売を含めるため２０１９年時点でＶＷは４割、メルセデス・ベンツは３割を中国市場が占めている。

3 中国のＥＶ開発にみるリバース・イノベーションの流れ

(1) リバース・イノベーションとは

ＶＷが中国を重視することの背景には、成長が見込まれる巨大な潜在市場であることに加えて、ＥＶ自動車の開発がある。ＥＶで先行するアメリカのテスラは中国で生産し輸出しているが、これは労働コストに加えてＥＶ開発では中国が世界に先駆けているからである。これまでの技術開発は多くの領域において先進国でイノベーションが起き、その後中進国、途上国、新興国に波及していく構図であった。ところが今、ＥＶの領域では新興国と呼ばれてきた中国が先行している。

イノベーションの波及する方向が「先進国から新興国へ」ではなく「新興国から先進国へ」という逆のコース、いわば反転の動きである。これを最近の言葉では「リバース・イノベーション」(Reverse Innovation) という。これはハーバード大学ビジネススクールのクリステンセン (Clayton Christensen：1952-2020) が唱えたものだが、中国やインドでの製品開発でリバース・イノベーションの事例がいくつか出てきている。

リバース・イノベーションには3つの捉え方がある。

1つ目は、中国などの新興国の企業による研究開発によって新製品、新技術が生み出される場合である。これはプロダクト・イノベーション（Product Innovation）といわれる部分で、現地市場に根差した多様な分野での低価格製品の開発である。例えば、インドのタタ・モーターズが開発した小型自動車「ナノ」は日本円で換算すると約30万円であり、非常に安い価格である。また、中国での太陽光発電や電気自動車の開発もこれに該当する。低コストの医療機器、太陽光および風力発電、バイオ燃料、分散型発電、海水淡水化、電気自動車、低価格住宅などは新興国では市場ニーズが高く、社会的にも解決が迫られる喫緊の課題である。「必要は発明の母」と言われるが、先進国とは違う社会的ニーズが新製品開発へとつながるのである。

2つ目は、新興国や発展途上国が、先進国への輸出強化のために先進国と対峙できる競争力のある製品を開発することによって逆流が始まる場合である。これは、これまでの日本とアメリカとの関係を見ると理解できる。20世紀初頭にアメリカで多くの製品技術のイノベーションが起こったが、それらの技術がわが国に導入された後、優れた生産技術の開発により、今度はアメリカに逆流する形で、国際的な競争力を持った日本製品が登場した。日本における生産革新は「プロセス・イノベーション」といわれ、自動車はその典型である。このような優れた「プロセス・イノベーション」も、かつて途上国であった日本から先進国へのリバース・イノベーションの1つである。

3つ目は、アメリカのGEが中国で開発した心電計や超音波診断装置の製品開発に見られるような、グローバル企業による海外での研究開発成果が本国に逆流する場合である。この逆流はGEにとって最初から意図したものではなく、もともとは中国市場のニーズに応えるための製品開発であった。これは結果的に低価格の心電計の開発につながったのみならず、本国のアメリカ市場でも手軽に使える心電計の新製品として受け入れられた。

(2) 中国におけるEV開発の背景

中国におけるEV開発は、1つ目のリバース・イノベーションにあたるが、これをどのように考えたらよいだろうか。

中国でEV開発が進むのはいくつかの理由がある。

1つには大都市での大気汚染である。改革開放政策を契機に急速に発展した大都市において、工場の煤煙や自動車から排出される二酸化炭素による大気汚染が深刻になっている。筆者も北京や上海で経験したことがあるが、青空が見えないのである。あまりにもひどいので、街行く人はマスクをしている。2005年の北京オリンピックのときは北京に入る車を規制し、偶数ナンバーと奇数ナンバーで分けて走行できる曜日を割り振っていたぐらいである（この規制措置は今でも続いている）。急速な自動車の普及で、道路などのインフラ整備に加え自動車による大気汚染をどう防ぐかが課題である。

このような中で、地球温暖化の要因が車の排気ガスにあるということが科学的に明らかになるにつれ、エンジンによるガソリン車からカーボンニュートラルであるＥＶの開発へと世界の自動車メーカーは舵を切り始めた。国連気候変動枠条約会議（ＣＯＰ）の京都議定書で採択された２０５０年目標である。これは新興国にも二酸化炭素の削減を求めたが、当初中国はこれに対し、まず先進国がこれを負うべきものだとして賛同しなかった。

ところが、２０２０年9月の国連総会の席上で、中国の習近平国家主席は「２０３０年までに二酸化炭素排出量をピークアウトさせ、２０６０年までにカーボンニュートラルを実現する」との決意を表明した。国家政策としてそれに代替するエネルギーを開発しなければならない。中国自身もエネルギーの安全保障上の問題を抱えている。また、石油資源の多くを輸入に依存する中国は、輸入を可能な限り減らすためにも、エネルギー効率を高めた車を開発したい狙いがある。そして、その背景にあるのが中国の飛躍的な技術開発の進歩である。

自動車産業で長く先行してきた日米欧は、現存の工場やサプライチェーン、そしてそこでの多くの雇用が確立しているため、自動車の構造そのものを変えるＥＶへの産業転換は難しいのである。一方で、これまで後れをとっていた中国は、しがらみのないゼロベースから取り組もうとしている。つまり、何もそこに立ちはだかるものがないからこそ挑戦するのである。中国の自動車産業において、ガソリンやディーゼル車はアメリカ、ドイツ、日本からの技術導入によって発展したが、その領域では技術蓄積がなく産業の優位性はない。それならばと、将来期待されるＥＶに資源を投入し、新たな分野での優位性を狙うのである。

中国の代表的なＥＶ開発の新興メーカーとして、Nio（上海量来汽車）、Xpeng（小砲汽車）、Li Auto（理想汽車）があり、これら3社は「新興ＥＶ造車3兄弟」と呼ばれている。

4 中国ＥＶのパイオニア・ＢＹＤ

ＥＶにおいて、アメリカのテスラに次いで先導しているのが中国のＢＹＤである。ＢＹＤはＥＶ特許でも突出しており、今後の発展推移が世界から注目されている。ＢＹＤは、中国語では比亜湯と呼ばれ、国際的に存在感を高めている。もともとＢＹＤはパソコン向けなどの電池事業で１９９５年に創立し、２００３年に自動車事業に参入した。２０２２年3月にガソリン車の生産をやめ、ＥＶとプラグインハイブリッド車（ＰＨＶ）に特化した会社になった。

今、中国ではＢＹＤブランドの車が至るところで走っている。ＢＹＤとは“Build Your Dream”という英語の略字である。「あなたの夢を作る」という意味合いであろう。香港と接する深圳で生まれた民間企業で、創立当時は二十数人からスタートしたが、約30年経った今日、二十数万の従業員と十数カ所の大規模工場を擁するまでに成長した。

現在のＣＥＯは創立者でもある王伝福氏である。王氏は中国の安徽省の田舎で生まれ大学、大学院で学んだ秀才ともいわれ、北京の国有研究所で電気工学を研究した。そこで研究した成果をもとに、携帯用電池分野の成長性を見込んで、１９９５年独立してＢＹＤを起業した。このころ携帯用電池では日本企業が圧倒的に強かった。この中にあって、王氏は知人から借りた250万元の資本をもとに携帯用電池製造設備の自主開発を行い、独自の生産スタイルで競争力を高め、海外企業によって独占されていた携帯電池事業に挑戦した。

1997年にアジア通貨危機が起こった影響で世界の携帯用電池価格が暴落し、日本の携帯用電池企業も影響を受けた。このような中でBYDのコストパフォーマンスが評価され、世界の大口企業からの発注が増え、わずか3年で世界の携帯電池市場の40％のシェアを占めるまでになった。さらにはリチウムイオン電池の開発にも着手したことが、今日のEVの生産に結びついている。

この開発と合わせて新規事業分野の参入を考えていた王氏は、2003年1月、突如無名の新川自動車会社を買収し自動車産業に参入した。自動車事業に参入するには大変な資本と部品供給ネットワークが必要であるが、EVの強みは大量の細かな部品の組み立てが必要なエンジンではなく電池1つで動かすことができる構造である。土台となるボディは他社の製品を真似て作り、部品などは当初は有り合わせのものを使った。2000年代になって中国ではようやく一般にも普及し始め、コストを抑えたBYD車は爆発的に売れた。2010年までに連続5年間でほぼ毎年前年比で倍増した。2008年には投資家で名高いバフェット氏（Warren Buffett：1930-）が18億香港ドルでBYDの10％の出資持分を購入し、同社の戦略投資家になった。

しかし、急激な伸びによる自動車性能に対する疑念が持ち上がり、2009年以降は販売不振が起こり設立以来の最大危機に陥った。これを機に品質の最優先、経営陣の刷新や販売店の再編成、

図表6-2　BYDの生産拠点と生産能力

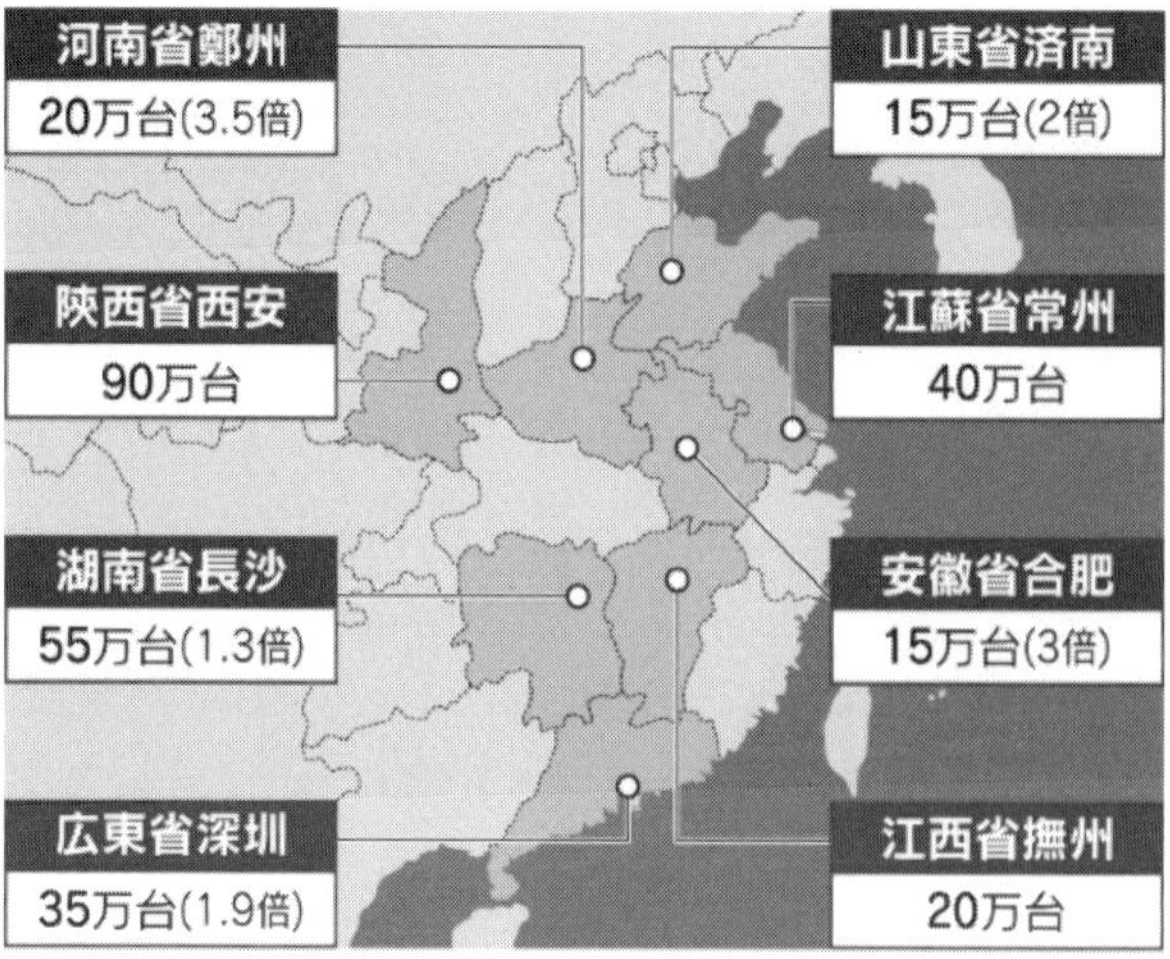

注：数字は2022年末での生産能力（一部建設中含む）でカッコ内は23年の増強見込み
出所：日本経済新聞「中国BYD、テスラ超えへ物量作戦　23年EV販売倍増狙う」2023年4月6日。

ブランドイメージの向上を実行し、2012年に入って経営危機を徐々に脱していった。2013年には販売台数が前年比で3割近く増加し、再び成長軌道に乗り始めた。
2019年には本社のある深圳にデザインセンターを新設し、欧州メーカーで活躍していた有名デザイナーなど国内外の人材を集約し研究開発を強化している。現在のBYDの生産拠点エリアと生産能力は図表6－2のとおりである。

5 中国訪問から見えたＥＶをめぐる動き

筆者は、２０２３年の9月中旬から10日間ほど、中国の自動車事情を探るため北京、上海を訪ねた。人口で日本の10倍を誇る中国は、潜在市場としてまだまだ成長の余地がある。東京は１３６０万の人口であるが、北京は２１５０万人である。中国では車を持つことが１つのステータスシンボルであり、国土の広さや人口比から考えても、自動車は大きな成長産業であるといえる。

(1) 中国におけるＥＶの将来

中国訪問の目的の１つは、清華大学の万俊人教授とお会いするためだった。コロナ禍以後、今回３年ぶりにお会いし、中国におけるＥＶ状況についても意見を交わした。国家政策として推し進めてきた新エネルギー車であるＥＶ戦略が実り、２０２２年から２０２３年にかけてＥＶが大規模に普及する転機となるとのことであった。万教授は新興国から先進国への「リバース・イノベーション」にも触れ、特にコストの面で国際競争力があればリバース・イノベーションは多くの産業領域で起こり得ると語った。

ただ、ＥＶはガソリンに代わって電気がエネルギー源である。その電力はどこで供給するかが問題である。中国の電力の70％は火力電力で、燃料の多くは石炭を使っている。石炭では二酸化炭素を発生するため、現状では脱炭素とは言えない状況である。これに代わるエネルギーは原子力、太陽光、風力発電である。

今、中国では自然エネルギーの発電に力を入れている。中国は広大な領土があり、また、土地は国有であることから、発電に適した場所に国家戦略として大規模な太陽光発電所や風力発電の施設を作っている。ＥＶの推進と電力の供給源としての自然エネルギーによる脱炭素化は、表裏一体の関係である。

また、筆者が今回中国を訪ねて驚いたのは、電動バイクの普及である。これまで中国の通勤風景といえば自転車通勤であった。ところが今、北京、上海の道はどこも広く、自動車道路と自転車道路に分かれ、自転車道路で自転車と一緒に走っているのが電動バイクである。東南アジアの各都市はオートバイが多く排気ガスと騒音がすごいが、北京、上海では車の騒音はあるものの、オートバイは電動が多いため比較的静かである。このような電動バイクはコスト面から考えても、今後アジア各国に普及していく可能性を秘めている。

(2) 北京、上海でのＢＹＤ感想記

１９７０年代の北京や上海は、改革開放政策をきっかけに、日本のダイハツと提携して作った軽四輪の黄色いタクシーが多く走る光景であった。その後、１９９０年代になると一時日本でも走っていたＶＷのサンタナのタクシーが多くなった。

ところが今は、北京でも上海でもタクシーのカラーデザインは統一され、車種はさまざまである。市街地では多種多様の車が走り、その多くはベンツ、アウディ、ＢＭＷ、ＶＷのドイツ車のほかにトヨタ、日産をはじめとする高級車ブランドである。これらはすべて中国で現地生産されている。

このような中にあって新たに目にするＥＶは、ナンバープレートが緑色の車である。エンジン車のナンバープレートは青、ＥＶは緑と、色で分かれているのである。ＥＶの多くはＢＹＤで、車種もさまざま、外形のデザインも良い。話によると、ＢＹＤの外形デザインはアウディやアルファロメオのデザインを手がけていたドイツ人デザイナーによるものだという。

北京では、ＢＹＤに乗っている人に、実際に車を見せてもらった。その車は1回の充電で約４００キロ走るというが、同車種の場合、今は７００キロまで走行可能だという。テスラの車種はエンジンにあたる部分が空いており荷物を積めるスペースがあるが、ＢＹＤはその部分がない。内装はシンプルでありながら高級感があった。

ＢＹＤの躍進はここ二十数年の成長ぶりであるが、バッテリーから車に参入した創立時のころは、低価格で売り出され、地方の田舎道を走っていた。しかし、今やＢＹＤはＥＶでリードするアメリカのテスラ車と並んで世界的なＥＶブランドになった。

中国ではＢＹＤのほかにもいくつかのＥＶが中国で販売されている。「グレートウォール」（Great Wall：万里の長城）というＥＶブランドもある。筆者はその中の一車種に乗せてもらったが、コンパクト車ではあるが外形は洒落たデザインで内装も優れ、その車種は特に女性の間で人気が出てきているという。

２０２２年時点で、各国で販売される乗用車全体の中に占めるＥＶの割合は、中国29％、アメリカ８％、ＥＵ21％、日本３％である。この割合から見ると、中国はすでに日欧米を上回るＥＶ大国になっている（図表６－３）。また、図表６－４を見ると、世界のＥＶ販売台数上位10社のうち中国企業が６社を占めている。つまり、ＢＹＤとテスラで大きなシェアを占めている一方、日欧米車のシェアは下がっている。筆者の中国滞在中、三菱自動車の中国からの撤退が報道された。これは日米欧の自動車メーカーが中国を収益の大きな柱と捉えてきたものの、ＥＶで互角に戦えず、長期的には市場からの撤退を余儀なくされている事例である。また、ＢＹＤは海外輸出にも力を入れており、将来的には中国によるＥＶ輸出をめぐって輸入国との間で貿易摩擦が起こるのでないかと懸念されている。

エンジン車の開発で進化してきた世界の自動車メーカーは一大産業ネットワークを形成したが、ＥＶへの方向転換には時間がかかるのである。しかし、将来の方向は確実にＥＶ化の流れの中にある。世界の自動車メーカーは、今ある事業の収益をＥＶ投資へと集中させている。

日本自動車工業会の北京事務所で中国のＥＶ事情について聞いたところ、ＢＹＤとテスラを除く他のＥＶメーカーは収益が出ていない、三菱自動車の中国からの撤退は、ＥＶ開発競争をめぐる長期的な判断からではないか、ということだった。中国の自動車に見るリバース・イノベーションの姿を、北京、上海で垣間見た。

図表6-3　主要国・地域における乗用車販売に占めるEVの割合

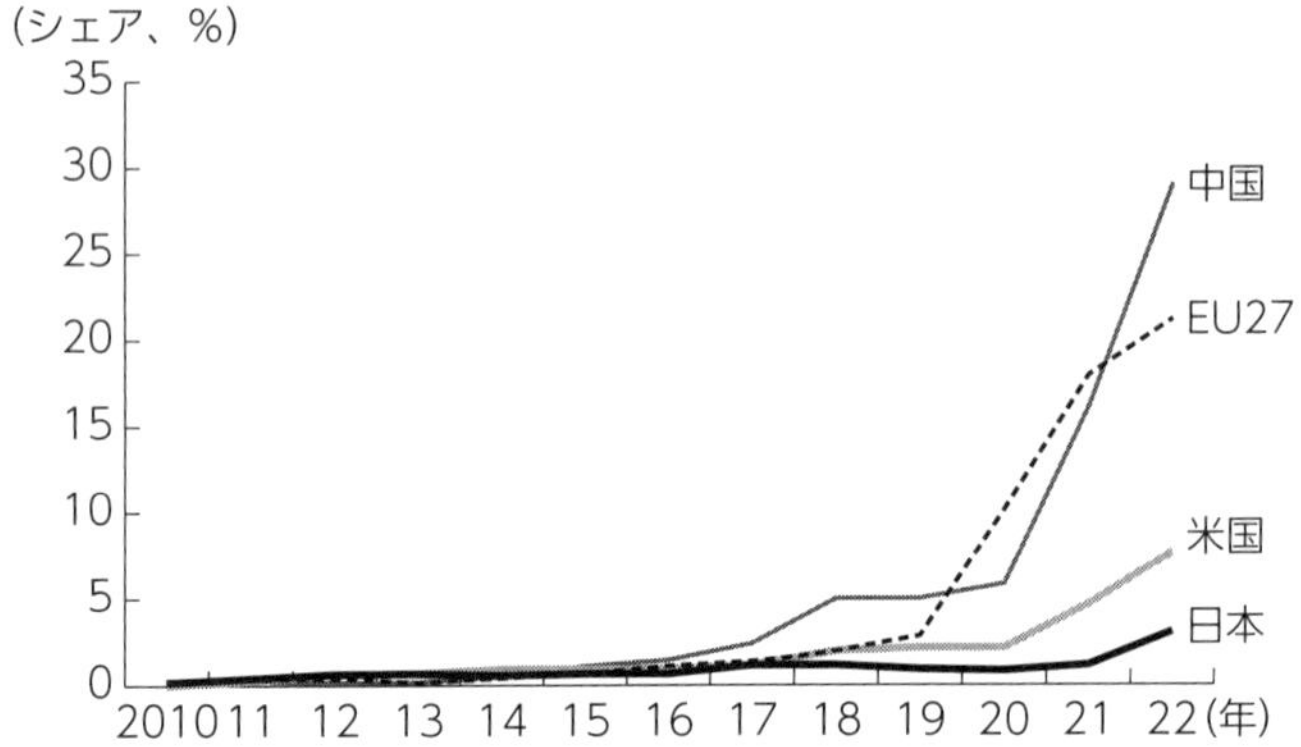

出所：図表6-1に同じ。

図表6-4　世界EV販売台数上位10社

順位	ブランド	国	台数	シェア（%）
1	BYD	中国	1,847,745	18.3
2	テスラ	アメリカ	1,314,330	13.0
3	上海通用五菱汽車	中国	482,056	4.8
4	フォルクスワーゲン	ドイツ	433,636	4.3
5	BMW	ドイツ	372,694	3.7
6	メルセデス・ベンツ	ドイツ	293,597	2.9
7	広州汽車	中国	271,557	2.7
8	上海汽車	中国	237,562	2.4
9	長安汽車	中国	237,429	2.4
10	奇瑞	中国	230,867	2.3
	その他		4,369,691	43.3
	世界計		10,091,164	100.0

出所：図表6-1に同じ。

第7章

ドイツの自動車会社を訪ねて

本章では、ＶＷ以外のドイツを代表するメーカーであるＢＭＷおよびメルセデス・ベンツ・グループについて、筆者が２０２２年に訪れた際の内容も含めながら紹介する。

1 BMW

ＢＭＷの概要は次のとおりである。

BMW (Bayerische Motoren Werke) AG
＊設立：１９１６年
＊本社：ドイツ・バイエルン州ミュンヘン
＊従業員数：14万９４７５人（２０２２年）
＊売上高：１４２６億１０００万ユーロ（２０２２年）
＊利益：１８５億８２００万ユーロ（２０２２年）
＊グループ会社：ローバーグループ、ロールス・ロイス乗用車部門

(1) バイエルン州自動車工場

筆者のＢＭＷとの出会いは、１９８８年に在日外資系企業のトップインタビューで千葉県の幕張にあったＢＭＷジャパンの当時社長だった浜脇洋二氏から、日本戦略を聞いたときだった。

浜脇氏は川崎重工業のアメリカ社長時代、ＢＭＷでハイウエーを走った際に、車が地面に吸いつくような安定感があり特別の快感を覚えたという。それがＢＭＷジャパンの責任者へと転身するきっかけとなった。浜脇氏の戦略は、それまで日本に入ってくるＢＭＷ車は左ハンドルだったが、それを日本の運転事情に合わせて右ハンドルにするようドイツ本社を説得することだったという。今、日本で走るＢＭＷ車のほとんどが右ハンドル車であり、日本のドライバーにも親しめるドイツ車となった。

ＢＭＷのブランドマーク（エンブレム）は、丸く形取った中に白と青の模様があり、その外側にＢＭＷと刻まれている。もともとＢＭＷは飛行機のエンジンを作っていた会社であり、第一次、第二次世界大戦のときは軍用機を作る会社であった。そのためエンブレムの白と青の形のデザインはプロペラをイメージしたものとされている。浜脇氏によると、その青と白は、ドイツ・バイエルン州の澄み切った青空と白い雲をイメージしたものでもあったという。[1] ＢＭＷのＢはBayerische（バイエルン州の）であり、ＭはMotoren（自動車の）、ＷはWerke（工場）である。したがってＢＭＷはバイエルン州自動車工場の意味になる。バイエルン州はドイツでも南に位置し、

1　ビジネス・リサーチ誌、1987年3月。このほか和田充夫「BMW Japan-明確かつ強烈な企業哲学」吉原英樹他著『グローバル企業の日本戦略』講談社、1990年。

図表7-1　BMWの本社
（ドイツ、ミュンヘン）

出所：TotoBMWウェブサイト
（https://www.totobmw.com/）。

首都である北方のベルリンとは違い、温暖で晴れた日が多い。このバイエルン州最大の都市ミュンヘンに、ＢＭＷの本拠地がある。

ＢＭＷの発祥の地はミュンヘンであり、そこに本社と工場も置かれている。ミュンヘンの中心地近く、１９７２年に開かれたミュンヘンオリンピックの会場となったオリンピック公園に隣り合う形でＢＭＷの本社、工場、ミュージアムがある。ミュージアムには歴代のオートバイ、自動車が年代順に陳列されており、ＢＭＷの車の歴史がわかる１つのテーマパークになっている。

本社は、誰もが目に留めるシンボリックな円柱形をしている。これは車のエンジンのシリンダーを模した円筒形を４つ組み合わせた形で、「フォー・シリンダー」（Four Cylinder）と呼ばれている（図表7－1）。この本社の隣は自動車のエンジン工場となっていたが、これは数年のうちに電気自動車の工場になるという。

図表7-2　BMW小史

年	内容
1916年	創立者グスタフ・オットーが航空機エンジンメーカーとしてBFW（バイエルン航空機製造）設立
1917年	社名をBMWに改称。最初の航空機エンジン生産
1923年	オートバイの製造開始
1926年	航空機製造部門を分離（同社は1938年にメッサーシュミットと改称）
1932年	自社開発四輪車の製造開始
1939年	世界初のジェット戦闘機、メッサーシュミット用のエンジン開発
1945年	連合国から第二次世界大戦中の航空機やロケットの生産を理由に3年間の操業停止処分を受ける
1948年	操業再開、単気筒二輪車発売
1951年	戦後四輪車の生産再開
1959年	経営不振による倒産の危機（ダイムラー・ベンツによる吸収合併は回避）
1962年	小型乗用車の発売が成功。経営が改善し販売規模が拡大
1973年	BMWで初めてのターボエンジン搭載の量産型市販車を生産開始。南アフリカの自動車工場を取得、ドイツ国外初めての生産拠点となる
1981年	日本法人、BMWジャパン創設
1990年	イギリスのロールス・ロイスの航空部門と提携、BMWロールス・ロイス設立
1994年	イギリスのローバーグループを買収。同年ロールス・ロイスの乗用車生産部門と提携し、エンジンの供給開始
2000年	ローバーグループ内のブランド・ミニを残し、ランドローバーをフォードに売却
2001年	新生ミニ誕生
2004年	中国・瀋陽の製造工場開始
2007年	パキスタン・カラチに製造工場を開業
2020年	ロゴエンブレムを一新、現在のエンブレムに。外側の黒い部分が透明になる

出所：BMWのアニュアル・レポートをもとに筆者作成。

ＢＭＷのミュージアムを見学するとわかるのだが、最初ＢＭＷは車でなく第一次世界大戦後オートバイ用のエンジンの生産を始め、続いてオートバイの生産を始めた。同社のオートバイブランドは、日本でもＢＭＷモトラッド（BMW Motorrad）として知られている。

高級車ブランドであるイギリスのロールス・ロイスや、ミニも傘下に治めている。ＢＭＷは今、世界に生産拠点を持っているが、各車がどこで作られたかは車体番号を見ればわかるようになっている。

(2) 世界の工場とイノベーションセンター

ＢＭＷの世界の工場は次のとおりである。

●ドイツ：ニーダーバイエルン地区のディンゴルフィング工場、ランツフート工場、ミュンヘン工場、レーゲンスブルク工場、ベルリン工場、バッカースドルフ工場、ウンターシュライスハイム研究開発センター
●オーストリア：オーバーエスターライヒ州シュタイヤー工場
●イギリス：オックスフォード工場
●ハンガリー：デブレツェン工場
●ロシア：カリーニングラード工場

図表7-3　BMWの世界のイノベーションセンター

ドイツ	Munchen	BMW Group Forschungs- und Innovationszentrum (FIZ) BMW Car IT BMW Group Designworks
	Unterschleissheim	BMW Group Autonomous Driving Campus
	Landshut	BMW Group Leichtbau- und Technologiezentrum
アメリカ	Greenville	BMW Group IT Technology Office
	Woodcliff Lake	BMW Group Entwicklung, USA
	Newbury Park	BMW Technology Office USA
	Oxnard	BMW Group Engineering and Emission Test Center
中国	Beijing	BMW Group Entwicklung
	Shanghai	BMW Group Connected Drive Lab China Designworks Studio Shanghai BMW Group Technology Office
イギリス	Goodwood	Rolls-Royce Motor Cars LTD
オーストリア	Steyr	BMW Group Entwicklung Zentrum Fur Dirselmotororen
南アフリカ	Pretoria	BMW Group IT Develop Hub
フランス	Montigny	BMW France
イスラエル	Tel Aviv	BMW Group Technology Office
韓国	Seoul	BMW Group R&D Center
日本	Tokyo	BMW Group Entwicklung
ブラジル	Araquari	BMW do Brasil
ポルトガル	Porto	Critical Techworks. S.A

出所：BMWミュージアムで入手した資料をもとに筆者作成。

●エジプト：カイロ工場
●南アフリカ：ロスリン工場
●インドネシア：ジャカルタ工場
●インド：チェンナイ工場
●マレーシア：クリム工場
●タイ：アマタシティ工業団地工場
●中国：瀋陽 大東工場
また、研究開発を担う世界のイノベーションセンターは図表7－3のとおりである。

2 メルセデス・ベンツ

メルセデス・ベンツの概要は次のとおりである。

Mercedes-Benz AG
設立：1926年
創立者：カール・ベンツ、ヴィルヘルム・マイバッハ、

ゴットリープ・ダイムラー
本社：ドイツ、シュトゥットガルト
従業員数：17万２４２５人（２０２１年）
売上高：１５００億１７００万ユーロ（２０２２年）
利益：２０４億５８００万ユーロ（２０２２年）

(1) 本拠地ジンデルフィンゲン

筆者は１９９０年の春と２０２２年６月に、ベンツの里といわれるジンデルフィンゲン(Sindelfingen）の工場を訪問した。その工場は、ドイツの主要都市の１つであるシュトゥットガルトから電車で１時間ほどのブーブリンゲンの駅で降り、そこから15分ほどバスに乗った丘陵地にある。ここではさまざまな形式のベンツ車が生産されている。

訪問者はドイツ国内だけでなく世界中から工場見学へと訪れる。見学者はオーデトリアムという体育館ほどの広さの部屋に案内され、各国語に対応したイヤホン（日本語もある）をつけ、車ができる工程の映像を見る。その後ベンツ特製のガラス張りの車で工場構内に入り、各所の組立工程のスポットごとに英語による説明を受ける。至るところでロボットによる組み立てが行われていたが、最後の工程では人が多くさまざまな確認が行われていた。

図表7-4　ベンツ本社（ドイツ、シュトゥットガルト）

出所：Enslin, Wikimedia Commons（https://commons.wikimedia.org/wiki/File:Stuttgart-Untertuerkheim-DC-Zentrale.jpg）

見学者の中には、出来上がった車をドイツのはるばる遠くから家族とともに受け取りに来ている人もいた。日本では納車の際はナンバープレートをつけた上でディーラーから持ってくるのが通常であり、出来たての車を購入者自ら受け取りに行くことはない。ドイツの場合、ＶＷ、アウディ、ＢＭＷでも同様な形で以前から行われている。

(2) ベンツのルーツ

現在の社名はメルセデス・ベンツであるが、これは2人の創立者の名前にちなんでいる。初めはベンツであり、その後にメルセデスが加わった形である。

歴史的には１８８６年、ドイツの技術者カール・ベンツによってドイツのシュトゥットガルトで創立された。当時シュトゥットガルトは交通の主役は馬であり、「馬の町」とも呼ばれていた。今でもシュトゥットガルトの紋章は馬である。馬の町の人々は、ベンツが世界で初めて発明したといわれる自動車の便利さに気がつかず、むしろ馬を怖がらせる邪魔者扱いしていた。

そうした中で妻のベルタ・ベンツは、夫の発明を世間に認めてほしいと１８８８年の夏、２人の息子を連れてマンハイムの町を出発した。当時は道路も舗装されておらず、タイヤも自転車用のタイヤであったことから、走るのにも苦難を極めた。ガソリンスタンドもなく、薬局で染み抜き用のベンジンを買って給油しながら旅を続けた。やがて、マンハイムから１００キロほど離れたプフォルツハイムの町に到着する。自動車の周りには大勢の人が集まった。馬だとその距離を行くには10頭以上乗り換えなければならないが、１つの車で早く着いたことに人々は驚いた。これより、夫であるベンツの発明は広く知られ、自動車が一躍交通の手段として世に出ることになったといわれている。

一方、メルセデスという名前は、当時ダイムラーのディーラーをしていたユダヤ系ドイツ人で富豪のエミール・イェリネックが、販売する車に自身の娘「メルセデス」の名前をつけたことが由来である。このメルセデスブランドは世間に広がり、ダイムラーは１９０２年に「メルセデス」を商標登録した。そして１９２６年にベンツとダイムラーが合併してダイムラー・ベンツとなった際も、ブランド名にはダイムラーではなくメルセデスの名を冠し、「メルセデス・ベンツ」としたのである。

１９９８年にはアメリカのクライスラーと合併し「世紀の合併」と言われたが、経営をめぐる両者の対立から、９年後の２００７年、合併は解消された。

(3) 車からトラック、バスまで

ベンツというとわれわれは高級車をイメージするが、ドイツではタクシー、バス、トラック、比較的安価な車種など多岐にわたって作られている。実際に、ヨーロッパではベンツのバスやトラックを多く見かける。また、建設現場ではダンプカーなどもよく見かける。

シュトゥットガルトから1時間ほどの駅で降りると、新しく建てられたベンツミュージアムがある。ここは円形の5階建てほどのビルであるが、上の階から年代順にベンツの自動車を見ることができる。

創立の初期段階では手作りの車といっていいほど優雅に飾られ芸術的で、一般の人は手の届かない貴族の車である。基本的にはベンツの車は特定層の車をターゲットとする贅沢な車であった。ところがその発展段階で特定の人だけでなく、みんなが乗れる交通手段としてバスにも広げていく。したがって、ベンツのバス生産の歴史は長く、観光用のバスやヨーロッパ各地の都市交通の手段として多く使われている。街を走るトロリーバスや連結バスはベンツブランドがほとんどといっていいくらいで、ヨーロッパ各地で走っている。

図表7-5　ベンツグループの世界各地の生産拠点の設立年と従業員数

国名	都市名	設立（年）	従業員数（人）
ドイツ	Sindelfingen	1915	35,000
	Berlin	1902	2,500
	Affalterbach	1976	1,700
	Bremen	1938	12,500
	Hamburg	1935	2,500
	Kamenz	2009	800
	Kolleda and Arnstadt	2002	1,400
	Rastatt	1992	6,500
フランス	Hambach	1997	800
ハンガリー	Kecskemet	2000	4,000
南アフリカ	East London	1948	3,300
中国	Beijing	2006	11,500
アメリカ	Tuscaloosa	1995	3,700

出所：メルセデス・ベンツ・グループのアニュアルレポート（2022年）をもとに筆者作成。

(4) ベンツグループと世界の工場

図表7－5はベンツグループの世界各地の生産拠点の設立年と従業員数である。創立の地であるジンデルフィンゲンが最大規模であるが、次はブレーメン、近年では中国の北京工場が多くなっている。

ベンツの車種は高級車からコンパクトカーまでと幅広く、価格体系も異なる。世界各地の工場でその車種を棲み分けして生産している。ただ、高級車であるSクラスは、ジンデルフィンゲン工場でしか作っていない。

●Sクラス：高級セダン
●Eクラス：中核車種
●Gクラス：オフロード車種
●Cクラス：コンパクトカー車種

(5) 最近の組織改編

乗用車が主力のベンツだが、2022年にトラック・バス部門を切り離して独立会社にし、それを傘下にする組織形態として持株会社体制にした。その会社名はダイムラー株式会社として、その傘下にメルセデス・ベンツ、ダイムラー・トラック、ダイムラー・モビリティの3社を置く体制にした。同時に、社名もダイムラーからメルセデス・ベンツに変更した。

また、2019年には創立時からの基幹産業であった内燃機関の開発を取りやめ、電気自動車に注力することを発表した。

4 VWグループ、BMW、ベンツの最近の動き―EVシフト

ドイツは世界でも環境問題に取り組む環境先進国といわれてきた。2016年、当時のメルケル首相は電気自動車などの次世代カーの普及に向けて初めて本格的な振興策を発表した。政府は電気

自動車を購入する消費者に４０００ユーロ（52万円）、ハイブリッド車の購入者には３０００ユーロ（39万円）の補助金を払う。補助総額は12億ユーロ（１５６０億円）で、政府と自動車業界が半分ずつ負担する。さらに政府は３億ユーロを投じて全国１万５０００カ所に充電設備を増設するという内容である。

このような政府施策もあって、ＶＷは次世代を見据えた電気自動車の開発に舵を切った。ミュラーＣＥＯは２０１６年６月末に行った記者会見で、「２０２５年には、年間販売台数に電気自動車が占める割合を20～25％にする。そのための電気自動車に使う電池の開発、製造に多額の投資を行う」と発表した。また、現在ＶＷが販売している電気自動車は２種類に過ぎないが、２０２５年には30種類を超える電気自動車を発売する予定とした。

その後、ミュラーの後を受け継いだヘルベルト・ディースＣＥＯは、２０２１年12月の発表で電気自動車への経営資源の集中をさらに鮮明にした。電動化やデジタル化といった未来技術へ２０２２～２０２６年の5年間で８９０億ユーロ（11兆円強）を投じるというもので、ハイブリッド車向けの投資は80億ドルと前回より３割減らした一方で、ＥＶ向けは５２０億ユーロと5割増やすことになった。

ＥＶの増加分の心臓部と見られるのが、ウォルフスブルグの本社工場である。ここでは２０２３年からＥＶ「ＩＤ３」の組み立てを始め、２０２４年からは既存設備を改築してＩＤ３を本格生産する。さらに敷地の外に最新鋭のＥＶ工場を建て、２０２６年に自動運転に対応したＥＶ生産を始

図表7-6　VW、ベンツ、BMW各社のEVへの取り組み

	VWグループ	メルセデス・ベンツ・グループ	BMWグループ
生産	●VWブランドは欧州の販売台数に占めるBEV比率を2030年に最低7割に。アメリカ・中国は最低5割に ●VWブランドは欧州では2033～2035年に内燃機関搭載車の製造を終了 ●アウディは2026年からEVモデルのみを上市、2023年までに内燃機関搭載車の製造を原則終了（中国を除く）	●2022年から市場投入する全セグメントでEVを提供 ●乗用車の設計思想となるアーキテクチャ（プラットフォーム）は2025年からはEV向けのみ ●市場動向によっては2030年までに全新車販売をEVにする可能性も視野に準備を進める	●今後10年間で約1,000万台のEVを市場投入。2025年までにEVのみで200万台 ●ミニとロールス・ロイスは2023年代初めからEVのみ
R&D	●向こう5年間の設備投資と研究開発費の総額1,590億ユーロのうち、電動化への投資を約520億ユーロに増額 ●ハイブリッド技術は、2020年の5カ年計画から約3割減。BEV注力で過渡期技術であるハイブリッド技術への投資額を削減 ●2030年までに欧州6カ所にバッテリーのギガファクトリーを新設し、年間計240ギガワット時相当のバッテリーを生産	●2022～2026年までに、電動化やデジタル化、自動運転に向けた研究開発などに総額600億ユーロ以上を支出。一方、内燃機関搭載車とPHEVへの投資は、2026年に2019年比で8割減らす ●パートナー企業と協力して蓄電池セル工場を全世界8カ所に新設。蓄電池リサイクル工場も建設	●EVへの移行を進めるべく、総額4億ユーロをかけてミュンヘン工場に組立ラインを新設。エンジン生産は他国（イギリス、オーストリア）に集約 ●ドイツ国内工場でのEV生産拡大を進め、2022年末までにすべての国内工場で最低1モデルのEVを生産
製造ライン	●VWブランドは、ドイツ国内にEV専用工場、専用ラインを用意	●原則、電動車と内燃機関搭載車の製造を同じラインで行っていく	●EV車種「i3」向けに専用製造ラインを用意。そのほかは、原則、電動車と内燃機関搭載車の製造を同じラインで行う

出所：JETROミュンヘン事務所での入手資料（2022年6月）をもとに筆者作成。

めるとしている。この計画には従業員と大株主一族、州政府も賛成の意を表している。

図表7－6はＪＥＴＲＯミュンヘン事務所で入手した、ＶＷ、ベンツ、ＢＭＷのＥＶに向けて発表した一覧表である。

第8章

日本での
フォルクスワーゲン

1 VWの日本進出と発展

1953年、日本でVWの最初の輸入車販売を行ったのはヤナセ自動車である。ヤナセは柳瀬次郎が始めた自動車の輸入車販売会社である。柳瀬は1920年代に柳瀬長太郎が三井物産の自業車輸入部門を買い取って現在の東京芝浦で始めた。その後長らく、「輸入車といえば柳瀬（ヤナセ）」といわれるほど、日本で初めて輸入販売を手がけた車が多かった。当時はGM、フォードなどのアメリカ車を取り扱い富裕層向けに販売していたが、その後、VWをはじめベンツ、BMW、アウディなどドイツ車も取り扱うようになった。

VWについては1965年の販売最初から日本向けに右ハンドル車を輸入し、日本では「カブトムシ」と呼ばれた車である。小型で独特のデザインは大きな人気を呼び、VWの名は一気に広がった。しかしその後、海外メーカー各社が独自に販売会社を作るに従いヤナセの輸入車販売の力は衰え、現在は伊藤忠商事の傘下でディーラーとして輸入車販売を行っている。

VWはヤナセが日本市場に導入したが、VWも自らの販売拠点を日本に作りながら販売シェアを伸ばしていった。1983年にVWの直接の子会社であるフォルクスワーゲン・ジャパン（VWジャパン）が設立され、1989年にはフォルクスワーゲン・アウディに社名が変更され、直接販売に乗り出していく。これは日本車のアメリカ進出と同じパターンである。日本車のアメリカ進出も、当初はアメリカの輸入代理店と契約し日本からの輸出を図っていたが、本格的に現地で販売活動を行うには直接販売拠点を設立することになる。その次の段階になると、生産活動の現地化である。ただ、ＶＷは日本では生産拠点は設立していない。

販売拠点を設立したＶＷであるが、ＶＷを日本で初めて紹介し輸入販売を始めたヤナセとの関係はどうなったのか。日本での販売をさらに伸ばすには、日本車メーカーとの関係強化が必要であることから、１９９１年、ＶＷは日本で最大の自動車会社であるトヨタと組み販売を始めた。これがきっかけでＶＷとヤナセとの関係が悪化し、１９９２年、ヤナセはＶＷの輸入販売を取りやめた。

また、１９８４年から１９９１年まで日産自動車との提携により「サンタナ」を日産の追浜工場（神奈川県横須賀市）でノックダウン生産し、日産の販売店とヤナセで販売していた。その後日産とＶＷの提携は解消され「サンタナ」の販売は中止された。ＶＷでは「サンタナ」の後継者となる「パサート」が販売され、今日に至っている。

その後、１９９６年にフォルクスワーゲン・アウディから、現在のフォルクスワーゲン・グループ・ジャパンに社名変更し、その2年後にはアウディが分離してアウディ・ジャパンとなった。２０２２年9月にはＶＷジャパンにアウディ・ジャパンが吸収合併され、再び１つの企業となっている。

2 日本における輸入車市場

ＶＷやアウディの車を買う場合、その販売店であるディーラーで買う。この販売店は全国で約２５０店舗ほどあるという。ＶＷ車とアウディ車が別々の販売店である場合もあれば、一緒に扱っているところもある。三大都市圏である東京、大阪、名古屋には販売店が数多くあるが、各地域の人口に比例して販売店が置かれている。図表8－1は日本におけるＶＷ、アウディ車の販売台数である。輸入車全体ではベンツが最も多く約５万５０００台（シェア16・55％）で、2番目に日本ブランドである日産の約39万台（11・77％）、3番目にＢＭＷの約36万台（10・87％）と続く。4番目のＶＷが約32万台（9・50％）と5番目のアウディが約22万台（6・82％）であり、ＶＷグループ全体では約55万台（20・37％）である。人気のＢＭＷのミニは約21万台（6・20％）、ボルボは約15万台で（4・60％）などである。日本ブランドのトヨタは約22万台（6・74％）である。

その他輸入車ではフランスのプジョー、ドイツのポルシェ、フランスのルノー、イタリアのフィアット、フランスのシトロエン、イギリスのランドローバーなどで、輸入車は圧倒的にヨーロッパ車が多く、中でもドイツのＶＷ、アウディ、ベンツ、ＢＭＷで輸入車全体の半数近くを占めている。アメリカ車はフォード、ＧＭのシボレー、キャデラック、ビュイック、ＧＭＣ、ダッジ、クライスラー、ハマーを合わせても２２００台で、全体の数パーセントである。

図表8-1　日本における主要輸入車ブランド

ブランド	2021年度（台）		2020年度（台）	
メルセデス・ベンツ	55,609	(16.55%)	64,569	(19.02%)
日産	39,531	(11.77%)	7,859	(2.32%)
BMW	36,383	(10.83%)	44,231	(13.03%)
VW	32,214	(9.59%)	45,540	(13.42%)
アウディ	22,912	(6.82%)	25,191	(7.42%)
トヨタ	22,648	(6.74%)	22,661	(6.68%)
BMW ミニ	20,819	(6.20%)	22,255	(6.56%)
ボルボ	15,439	(4.60%)	18,540	(5.46%)
ジープ	14,255	(4.24%)	14,186	(4.18%)
プジョー	12,010	(3.58%)	10,355	(3.04%)
合計	271,672	(80.87%)	260,847	(76.85%)
その他も含めた輸入車全体の合計	335,924		339,424	

注：車名別輸入車新規登録台数（乗用車、貨物、バスの合計）
出所：日本自動車輸入組合統計資料をもとに筆者作成。

外車といわれる輸入車の多くはヨーロッパ車のブランドである。アメリカ車はもともとアメリカ大陸を走る大型車が多く、日本では場所によって走りにくい一方、ヨーロッパ車は日本と同じように狭い道路でも走れる小型車も多く、日本の道路事情に合っているといえる。
中でもドイツ車の人気は高く、ベンツ、BMW、VW、アウディ、BMWで全体の約半数近くになる。ベンツはバスやトラックなども含まれている。VWグループ（VWプラスアウディ）だと5万5126台、16・42％とほぼベンツと同じである。BMWミニは

図表8-2　日本における輸入車販売台数の上位

都道府県	2021年度（台）	2022年度（台）
東京	42,956	49,650
神奈川	23,504	26,564
愛知	22,640	26,477
大阪	18,856	20,571
兵庫	13,040	14,831
埼玉	12,475	13,491
千葉	12,128	13,220

出所：日本自動車輸入組合統計資料をもとに筆者作成。

若者に人気があり輸入車の上位を占めている。スウェーデンが誇るボルボ（Volvo）は世界で一番の安全な車とされたが、今は中国の吉利グループの傘下になっている。トヨタ、日産は海外の工場で作られた車の逆輸入である。プジョーは日産と提携しているフランス・ルノーの車である。

3　VW基地としての豊橋

われわれが購入するVWやアウディは、どのような経路で手元に届くのだろうか。VWは世界各国に生産工場があり、各車種を作っている。わが国でVWの車種で一番人気はゴルフであるが、これはドイツのエムデン工場で作られ船で1カ月半ほどかけて運ばれてくる。このほか、日本にはアフリカとメキシコからも船で運んでくる。
愛知県豊橋市には、VWが独自に作ったそれらの車

図表8-3　VWジャパン豊橋本社

A　専用埠頭、第1モータープール
B　テクニカルサービスセンター（TSC）
C　カーサイロNo.1
D　カーサイロNo.2
E　本社棟
F　トレーニングセンターNo.1
G　トレーニングセンターNo.2
H　社員食堂
I　パーツデポ
J　第2モータープール

出所：VWジャパン資料。

の輸入基地がある。東海道新幹線で名古屋に近い豊橋駅から車で20分ほど行った埋め立て地にある、明海埠頭に作られている。ここはＶＷジャパンの本社もある（図表8－3）。

ＶＷジャパングループには、ＶＷのほかにアウディ、ベントレー、ランボルギーニの会社がある。ただ、ベントレーとランボルギーニはＶＷやアウディと比べると輸入台数も少なくディーラーも限られているため、日本法人としては小規模である。

豊橋の本社はＶＷグループであるＶＷ、アウディ、ベントレー、ランボルギーニ、ポルシェの輸入を受け入れる基地であると同時に、パーツの輸入と車両整備も行っている。役割としてはテクニカル・サービスセンター、パーツデポ、アフターセールスなどである。東京の品川にはＶＷグループの広報、販売営業、マーケティング、アフターセールス（ＶＷ以外）、広報部門が、横浜のみなとみらいには東京技術代表オフィスがあり、日本における自動車の技術動向の調査やＶＷ車のサポートにあたっている。

豊橋のインポートセンターを選定した際の立地条件については、次のとおりである。[1]
●10万台の陸揚げに十分な能力を有する港があること
●ＰＤＩ（Pre Delivery Inspection：納車前点検）として、20万平方メートル以上の土地が確保できること
●陸揚げ施設からＰＤＩまでの距離が短いこと
●国内の主要販売地域への供給に支障なく、かつ距離が短いこと
●悪天候（特に雪）等の影響が少ないこと
また、豊橋に立地した決定要因は次の点である。
●地方公共団体（愛知県、豊橋市他）出資の第三セクター、総合開発機構のサポートにより、明海地区に専用埠頭が確保できたこと

1　2022年10月7日、筆者が豊橋を訪問した際のインタビューより。

図表8-4　日本におけるVW関連企業

出所：VWジャパン資料。

●地理的にも日本の中央に位置し、国内輸送が整備されていること
●Uターン志向の優秀な人材の確保が可能であること
●従業員にとって良好な住居環境であること

日本に入ってくる輸入車は自動車専用船で世界各地から運ばれてくるが、その陸揚げされる港は横浜、神戸、福岡などである。しかしVWは独自の豊橋基地を持っている。豊橋の専用埠頭で陸揚げされる車は1度に約2000台ほどである。ここでは1台1台税関で輸入手続きをするのではなく、予め電子上で登録を行うなど、税関とのデジタルトランスフォーメーション（DX）によって手続きを効率化している。

陸揚げされた車は1台1台検査を受け、日本の交通事情に合った最終的なチェックを受ける。その後、自動車サイロといわれるところに保管され、全国の販売店に陸送される。自動車サイロは、VWの本拠地であるドイツのウォルフスブルグでは円柱形であったが、ここでは7階建てのビルの高さに匹敵する専用倉庫であり、車の出し入れは、全部コンピューターによって制御されている。

4 VWジャパン社長―マティアス・シェーパース氏インタビューから[2]

(1) 外資系社長のトップ

アメリカ企業でもヨーロッパ企業でも、日本法人のトップに誰がなるかは多国籍企業戦略のキーポイントである。一般的には日本企業の海外法人社長は日本本社からの派遣者が多く、欧米企業の日本法人トップは現地の日本人が多いとされてきた。

2019年の本で筆者が取り上げたネスレ日本の場合、現在の社長は日本人である。伝統的にスイス本社からの派遣が多かったが、このところ2代にわたり日本人社長である。ネスレにはスイス本社採用のセンターベースと現地採用のローカルベースの社員がおり、進出先の拠点のトップはセンターベースから派遣されてくることが多い。ネスレ日本は進出して100年以上の歴史になるが、トップはセンターベースから派遣された社長が慣例であった。しかし、ここ十数年はローカルベース採用の日本人社長の抜擢によって業績は飛躍的に向上した。このことはむしろ、ローカルベースのトップによって日本市場を熟知したきめ細かな成長戦略ができるという証ともなった。このネスレ日本の飛躍はスイス本社でも「ミラクル日本」と呼ばれ、ローカルベース採用のトップリーダーの経営手腕が注目されている。[3]

2 本節は、2022年4月17日にVWジャパンの東京品川オフィスで行われたインタビューを筆者がまとめたものである。

また次の本で取り上げたアメリカのヘルスケア企業、ジョンソン・エンド・ジョンソン（J&J）は、基本的に進出先の現地法人は現地の人材登用による国際事業の展開を行っている。これまで筆者は日本J&Jの歴代トップの方々と関わってきたが、ほとんどは日本人社長である。[4]

(2) シェーパース氏の来歴

VWの場合はどうだろうか。

VWジャパンの社長、マティアス・シェーパース氏が言うには、基本的にはケースバイケースだという。シェーパース氏はドイツ・アウディからの派遣である。氏は母親が日本人で父親がドイツ人であるから日系ドイツ人である。日本語も堪能なので、インタビューは日本語で行われた。

同社の日本法人設立は1983年であるから、約40年の歴史がある。その間のトップはドイツのVWグループからの派遣、ドイツ以外のVWグループからの派遣、そして日本での登用による日本人社長である。その時々の経営状況と人材登用によってケースバイケースで行われてきている。

シェーパース氏はVWグループのアウディから派遣されている。日本人社長のときもあったが今はたまたまドイツからの派遣だという。ただ、人材の流れで見ると、大きな市場では

3 拙著『すべてはミルクから始まった―世界最大の食品、飲料会社「ネスレ」の経営』。
4 拙著『“顧客・社員・社会”をつなぐ「我が信条」―SDGsを先取りする「ジョンソン・エンド・ジョンソン」の経営』。

ドイツからの派遣が多いという。日本はＶＷグループにとっては大きな市場であり、今回は日本とドイツ両方を知っているシェーパース氏がトップになった。

シェーパース氏は若いころにアウディのスポーツ車に魅せられドイツ本社のアウディに入社する。日系ドイツ人ファミリーの下で育ったため、ドイツ語と日本語のバイリンガルである。幼少期はドイツの教育システムのもとで16歳までの義務教育を終え、その後ドイツの教育制度であるデュアルシステムの下で職業学校に進み、現場での職業経験をしながら将来の道を探る。

氏は当初から職業学校の後、大学に進むことを考えており、選んだのは母親の母国日本にある国際基督教大学（ＩＣＵ）であった。ＩＣＵは特別に専門学部を設けているわけではなく、幅広い教養を身につける教養学部が特徴の大学である。多くは英語で行われ、帰国子女が多く学び、日本では歴史のある国際色豊かな大学である。氏はドイツ語、日本語のほかに英語に磨きをかけ、多国籍な学生間の交流によって国際感覚を身につける。その後、オランダのユトレヒトにある大学院ビジネススクー

図表8-5　マティアス・シェーパース氏

出所：筆者撮影（2023年4月17日）。

ル（NIMBA School of Management）で勉強する。そしてもともと自動車産業に興味があったことからドイツのアウディ本社に２００１年に入社した。

シェーパース氏はそこで、日本を含むアジアのアウディ・ビジネスを中心に経験を積む。そしてアウディ本社の日本地区担当マネジャー、アウディ・ジャパン営業本部長兼ネットワーク開発部長、アウディ・ジャパン販売会社社長を歴任し、２０１８年よりＶＷ台湾の社長、２０２１年９月よりアウディ・ジャパンの社長、そして同年10月よりＶＷジャパンの社長になっている。

(3) ＶＷジャパンの使命

ＶＷジャパングループの最大の使命は、販売会社なので自動車を売ること、そして日本市場にドイツ車の良さを知ってもらいＶＷファンを増やすことである。そのための販売戦略、マーケティング、ディーラー網の整備、広告広報戦略、販売後のアフターケア、販売営業部隊の人材育成が課題となってくる。

ＶＷジャパン社長の“Report to”、つまり誰が責任を負うのかというと、ドイツ本社の中国を除くアジア太平洋グループ長である。ＶＷ全体の組織構造はグループ会社が各々独立しており、他方でグローバルな地域別体制をとっている。ただ、アジア太平洋担当のディレクターは執行役会のメンバーではない。それに対して、中国担当は執行役会のメンバーである。このことからも、ＶＷは中国市場をいかにこれからの成長市場として位置づけているかがわかる。

ここ数年来の新型コロナウイルス感染症の世界的広がりの中で自動車市場も大打撃を受け、日本における輸入車の販売低下もその例外ではない。このようなこともあって、VWジャパンの販売戦略の再編成として、2022年9月にVWジャパンとアウディ・ジャパンを組織統合した。それぞれのディーラーを1つにまとめるというわけではなく、VWジャパン全体の戦略として経営管理上の無駄を廃し、グループ全体としての相乗効果による日本市場へのさらなる食い込みを図ろうとする狙いがある。

日本市場は、誰もが車を持つ成熟市場である。少子高齢化はますます進み、若者の車離れといったことも言われ、成長市場ではない。このような成熟市場の日本にあっていかに販売を拡大するか、輸入車販売でも熾烈な競争になっている。

ただ、このような輸入車市場の中にあってもドイツ車のブランド力、信頼性は高く、とりわけVWはトヨタ、日産、ホンダ等の日本車と並ぶ車として日本社会には浸透している。年間の輸入車台数が一番多いのはベンツであるが、アウディを含めたVWグループ全体でみると、VW車が一番の輸入台数を誇る。最大の強みは豊橋に専用埠頭と整備センターを持っていることであり、この強みを生かしながらいかに日本市場におけるさらなる普及を図るかである。

車はその時代にあった流行性の要因もあるが、いかにそのニーズにマッチした車づくりをするかである。セダン、ワゴン、スポーツカー、高級車、中級車、大型、小型のものと顧客のニーズに合わせた多種多様の車があるが、近年、日本市場で若者に人気なのはBMW傘下のミニの小型車である。

シェーパース氏は、日本は車の成熟化社会にあっても高所得市場であり、ドイツ車のブランドの代表であるVW車はさらに食い込めると確信している。しかし、一方でこのところの日本はドイツ、ヨーロッパから見ると相対的に多くの領域で競争力が低下していることは否定できないと述べている。１９８０年代に言われた「ジャパン・アズ・ナンバーワン」の時代と違い日本の国際競争力は低下している、そのことをシェーパース氏自身も感じているという。ただ、氏が言うには、日本市場は政治の安定性、長年培ってきたディーラー網の整備、日本人社員の真面目さ、車に対する厳しい目はフォルクスワーゲン・グループとしても学ぶことが多く、日本市場で勝たなければ世界の市場で通用しないという思いがあるとのことであった。

(4)ドイツ車のブランド力

シェーパース氏は、ドイツ車のブランド力について、ドイツはマイスターに代表されるように各々の職業領域で専門家になること、とりわけものづくり現場では厳しい訓練によって育った熟練工が工場現場で働いていることに基づいていると述べている。自動車に限らず、ドイツ製品は完璧さを誇る高品質が特徴である。

日本のものづくりも、その品質に対し世界からの信頼性が高い。自動車産業において、基礎となる多くの技術は欧米で生まれた（プロダクト・イノベーション）が、日本ではその技術をもとに工場での大量生産技術や高い品質のものづくり（プロセス・イノベーション）を行い、それが日本の自動車産業の国際競争力になった。

日本とドイツは同じようにものづくりを得意とするが、どのような違いがあるのか。日本の場合は自動車会社に入ってからそのものづくりの訓練を受ける。ところがドイツでは義務教育を受けた後、すぐにその道に入りさまざまな訓練を受ける。また、ドイツの社会的風土として、それぞれの領域での専門性が尊ばれる。企業の規模に関わらず、自身が専門性を持って従事していることが尊敬される社会なのである。したがって、小企業であっても自らの職種に誇りを持つ、そのことがドイツ社会の価値基盤を形成している。

日本の本格的なものづくりは戦後からの歴史であるが、ドイツはそれ以前から日本とは異なる人材育成の仕組みの下、ものづくりの文化を形成してきた。日本の自動車産業が海外生産拠点を欧米の各地域に作る中、ベンツは頑なに本拠地であるドイツのジンデルフィンゲン工場での生産にこだわっており、ドイツで作ることに強いアイデンティティを持っている。つまり、ベンツはドイツ人の魂であり、ドイツ文化の象徴的製品であるがために、これは海外では作れないという強い価値基盤である（ただ、現在はいくつかの車種に限っては海外でも作っている）。

もともと自動車の黎明期にあったころのヨーロッパの車は手作りの贅沢品で、一般の人には手の届かない高嶺の花であった。これがおそらくヨーロッパ車のブランド形成に結びついたと筆者は考えているが、シェーパース氏も、自身のアウディでの経験から同じ意見であるという。つまり、ブランドは1つの憧れ、夢、高い品質と価格、その間に形成された特別の製品イメージである。つまり、われわれの脳裏に刻み込まれた独特のイメージである。これは物（ハード）に隠された心理的側面（ソフト）が結びついたものである。ブランドはすぐに形成されるものではなく、長い時間をかけて人々の脳裏に少しずつ刻み込まれた、企業にとって見えない価値であり資産でもある。資産には見える資産（Visible Assets）と見えない資産（Invisible Assets）がある。ブランドは見えない資産であり、この資産価値をいかに浸透させてブランド力を高めるかが、日本の自動車産業に問われている。

(5) ＥＶ市場について

今、ＶＷの最大の戦略目標は、電気自動車、ＥＶの開発である。ウォルフスブルグの本社工場はＥＶ生産へ大きくシフトしている。ほかにも主要な世界のＶＷの工場のＥＶシフト、さらにはＥＶ生産の土台となるバッテリー工場の新設など、自動車の仕組みが根本から変わる、その最前線に立つのがＶＷのＥＶ化である。

ＥＶの最前線といえばアメリカのテスラ、中国のＢＹＤに代表されるが、両社は初めからＥＶ生産に取り組んだベンチャー企業である。既存の自動車づくりにとらわれないが故に早い事業展開を行うことができ、急速な成長が期待できる。一方で、日欧米の自動車会社にとって、既存の自動車づくりで培ってきた工場ライン、そして確固としたサプライチェーン体制が既に構築されている状態から新たな自動車づくり、ＥＶ化を行うことは非常に難しい。

ＥＶ化の波は日本にも押し寄せ、ＶＷ車の日本市場への新たな構築にはＥＶの販売は欠かすことができない。ＶＷジャパンは次世代の自動車市場を見据えＥＶ戦略を立てている。ＥＵやアメリカではＥＶ開発を国家的な目標にしている。自動車先進国といわれる日本市場だけがこの大きな波に従わないわけにはいかない。

日本のＥＶ開発は、初期段階では世界の自動車産業の先頭に立っていたとシェーパース氏は述べる。日産が開発したＥＶのリーフは２０１０年12月の発売であり、トヨタはこれに先立ってハイブリッド車のプリウスを発売している。リーフは当初の販売目標には達しなかったが、２０１７年には第2世代のリーフを発売している。また、トヨタのプリウスは世界的にも大ヒットとなり、当初の販売目標を大きく上回った。しかし、日産のリーフは今後もＥＶとして認められるが、トヨタのプリウスはガソリンエンジンも搭載しているため、欧米ではＥＶに含まれず販売が認められなくなる。

シェーパース氏は２０２２年に日産とその傘下の三菱自動車とで開発した軽四輪の「サクラ」が今大ヒットとなっていることを挙げ、日本のＥＶ開発を評価している。つまり、車は進化しておりＥＶ時代に合致した新しい車を作れば売れるのである。成熟市場であっても、ＥＶという新しいコンセプトの車は新しい顧客ニーズを掘り起こすことができるのである。

ただ、当初は開発の先頭を行っていた日本であるが、現在、欧米や中国との比較では遅れている。日産のリーフは電力の補給設備があまり整備されていない中での発売であり、顧客が躊躇していたこと、そして、トヨタのプリウスの成功によって、完全EV化への転換がかえって遅れていることによるものである。

それにはさまざまな要因が考えられると氏は言う。EVはエンジンがないため、部品点数はガソリン車と比べると2割ほど少なくて済む。そうするとこれまで築き上げてきたサプライチェーンの雇用問題にも影響してくる。日本的雇用体制を維持するためには、これを少しずつ変えていかなければならない。自動車は経済活動を支える重要産業であるが、その産業構造の転換が迫られるのである。

しかし、自動車の排気ガスが気候変動に与える影響が徐々に明らかになり、グローバルな環境問題として認識されるようになるにつれ、欧米各国はガソリン車の禁止を国家政策とするなど、急速に動き出してきた。特にドイツでは、原発の廃止に見られるように環境先進国といわれており、EV化を進め、EUとしても2035年を目標としてガソリン車の廃止を決定した。このようなドイツにおける環境問題への配慮とEU全体との合意が、EV化の促進を後押ししている。

第5章で述べたとおり、VWは2015年にアメリカでのディーゼル車の排気ガス不正問題を受けて莫大な補償費用を払うことになった。日本ではこのディーゼル車は走っておらず対象外だが、全世界に広がったVWブランドのイメージダウンは計り知れないものである。この対策のためにVWが払った費用は何十兆円といわれ、普通の会社だったら潰れてもおかしくない莫大な費用である。

シェーパース氏はこれについて、莫大な授業料を払ったと述べている。ただ、この授業料の支払いが転機となり、社運をかけたＥＶ開発へと向かうことになった。この危機を脱するために、自動車の大転換期にある今、ＥＶシフトを一気に進めようとする戦略である。ＶＷは、そのために世界の主要市場に付随した新たな電池工場の建設や、中国でのＥＶ戦略を大胆に推進している。

第9章

ヨーロッパにおける日本の自動車産業

1 ヨーロッパの自動車工場の現況

ヨーロッパには、どれくらいの自動車工場があるのだろうか。

図表9－1は欧州自動車工業会（European Automobile Manufacturers' Association：ＡＣＥＡ）の２０２２年版統計である。乗用車だけで見ると、ＥＵ圏では84拠点、ロシア、トルコ、カザフスタン、ウズベキスタン、ウクライナ、ベラルーシなども含めたヨーロッパ全体では１３５拠点である。バン、トラック、バス、エンジンなども含めると、ＥＵ圏では１８５拠点、ヨーロッパ全体では合計２９０拠点である。ヨーロッパの中でも最も多いのは、ドイツの41カ所で、イギリス、フランスにはそれぞれ30カ所、イタリア22カ所、ポーランド16カ所、オランダ10カ所と続く。

ポーランドは旧東ヨーロッパの社会主義国であったが、１９９０年の市場経済体制への移行を機に自動車産業が大きく発展した。ドイツの自動車工場は隣国であるポーランドからの労働者も多く従事していた。ＶＷがポーランドのポズナン市で１９９３年に生産を開始し、他のドイツの自動車会社もポーランドに進出した。トヨタも２００２年にポーランドに進出し完成車工場がある。

図表9-1　ヨーロッパにおける自動車工場

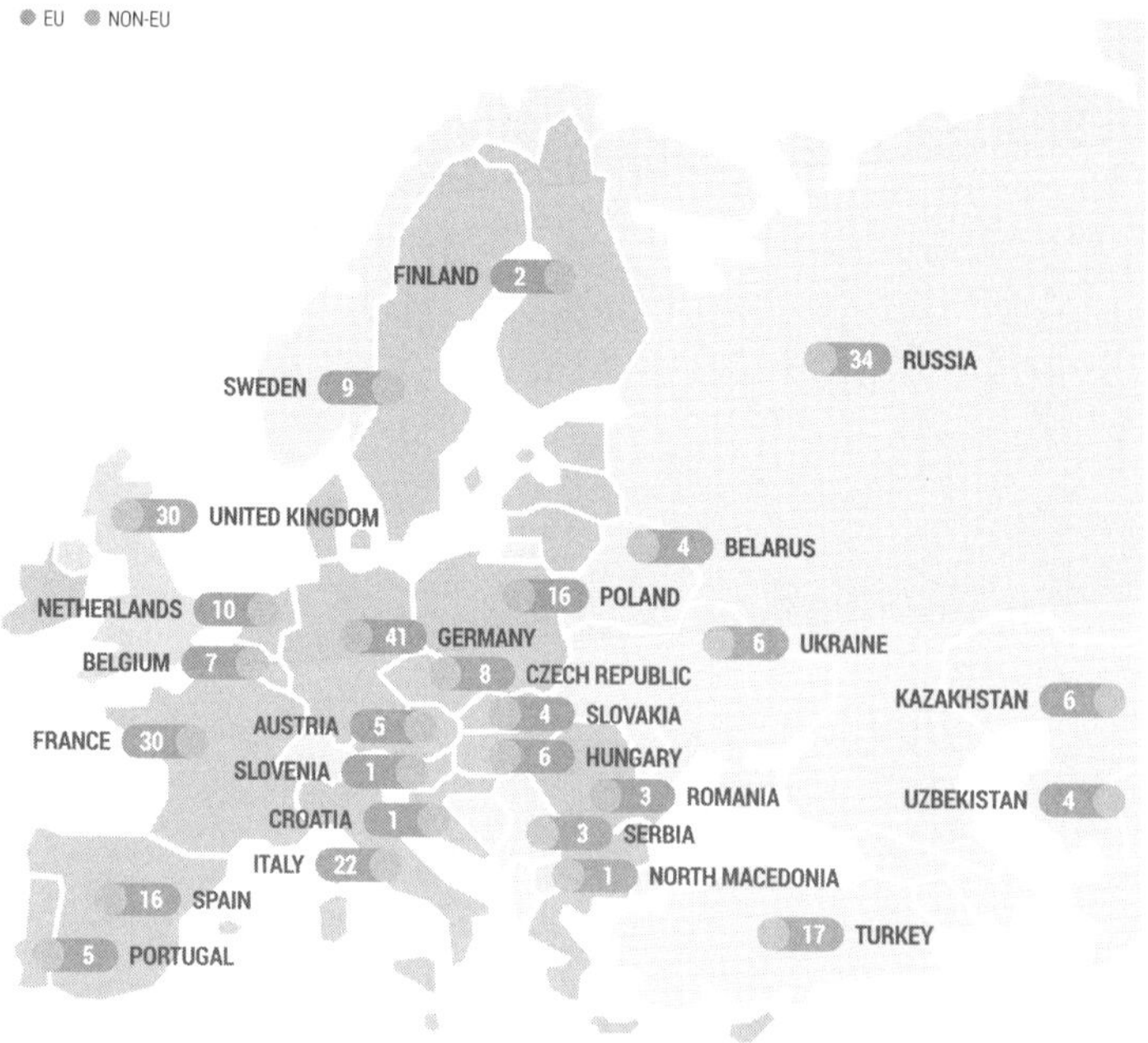

	CARS	VANS	TRUCKS	BUSES	ENGINES	TOTAL
EU	84	22	29	29	51	185
EUROPE	135	37	54	58	71	290

出所：ACEA, *Automobile Industry Pocket Guide 2021-2022*, p.19.

2 ヨーロッパにおける日本の自動車工場

日本の自動車産業における、ヨーロッパでの生産拠点設立は、ほとんどが1990年代以降である。日産自動車は他社に先駆けて1983年にスペインのモトール・イベリカ（Motor Iberica）に資本参加し、当時業績低迷の中にあったモトール・イベリカを日産が再生する形で経営にあたることになった。同社は今では日産自動車が99・79％の資本を持つグループ会社になっている。バルセロナの主力工場には一時期3600名ほどの従業員が、部品などを作っていた（経営再建のため2020年に閉鎖）。他にカンタブリア、アビラにはそれぞれ600名、計1200名ほどの従業員がいる。

ただ、日本の自動車産業が単独でヨーロッパでの最初の拠点を築いたのはイギリスであった。当時の首相であるマーガレット・サッチャーは、政治による市場介入を抑え企業間の競争を促すことで、不況に喘いでいたイギリス社会を立て直した首相として知られている。この政策に対しては今となってさまざまな意見があるとはいえ、当時「イギリス病」とまでいわれた経済社会全体の停滞から、イギリスに明るさを取り戻した。

1986年、日産は、当時社長であった石原俊氏がサッチャー首相の要請を受けて、イギリス北部のサンダーランドに工場を設立した。その後、1992年にトヨタがイギリス中部のバーナスト

図表9-2　ヨーロッパにおける日本の自動車産業の生産拠点

国名	会社名	設立	工場立地	従業員数	生産品
イギリス	日産	1986	Sunderland	7,000	完成車
	トヨタ	1992	Burnaston	2,600	完成車
		1992	Deeside	600	部品
	ホンダ	1992	Swindon	3,500	完成車
ポルトガル	トヨタ	1971	Ovar	500	完成車
スペイン	日産	1980	Cantabria	613	完成車
		1983	Barcelona	3,600	完成車
		1987	Avila	520	部品
フランス	トヨタ	2001	Valenciennes	4,100	完成品
ベルギー	ホンダ	1962	Aalst	—	部品
チェコ	トヨタ	2005	Kolin	2,300	完成車
ポーランド	トヨタ	2002	Walbrzych	2,300	完成品
ハンガリー	スズキ	1992	Esztergom	3,200	完成品

注：トヨタのBarcelona工場（スペイン）は2020年、ホンダのSwindon工場（イギリス）は2021年に閉鎖。
出所：日本自動車工業会ブラッセル事務所からの入手資料（2022年6月）。

ンとディーサイドに進出し、同じく1992年にホンダがロンドンに近いスウィンドンに進出した。
そのほかのヨーロッパ諸国への進出では、2001年にトヨタがフランス・バランシエンヌに工場設立した。また、同社はポルトガルで早い段階からカエタノ社への資本参加を行っている。トヨタはさらに、ポーランドにトランスミッションやエンジン工場を設立し、2002年と2005年に生産を開始、2005年にはチェコ・コリンにも進出している。また、三菱ふそうトラック・バスは

1996年にポルトガルのトラマガルに進出した。スズキは1992年にハンガリー・エステルゴムで生産開始している。

しかし、早い段階でイギリスへ進出していた日産、トヨタ、ホンダでは、2020年のイギリスのEU離脱に伴う再編成の動きがある。一番衝撃的だったのは2021年に、ホンダがスウィンドンにある工場から撤退したことである。当時、従業員は3500人ほどが働いており、従業員の解雇による地元経済へのインパクトは大きかった。ただしホンダは、この工場撤退はEU離脱に伴うものではなくグローバル戦略の再編成であると説明している。

ホンダのヨーロッパ乗用車事業は、長い間販売低迷が続き赤字になっていた。オートバイ事業はベルギーのアールストに組立工場を持ち、ヨーロッパにおいてオートバイブランドを確立していた。ホンダはアメリカ進出もヨーロッパ進出も、海外戦略では日本の同業他社よりも早かった。オートバイではヨーロッパでは成功を収めていたが、乗用車では苦境が続いていた。イギリスのEU離脱は1つの引き金となり、36年間のイギリスでの乗用車生産に終止符を打ったことになる。ここでは2018年には主力車シビックなど約16万台を生産したが、ヨーロッパでの自動車市場はシェアが1%程度で、マツダやスズキよりも低迷していた。すでにこの工場の跡地は更地となり、売却されている。

また、日産はサンダーランドの工場で予定していた、主力のSUVの生産計画を撤回している。

また、トヨタは2030年までにEVの生産に移行することへの危惧を表明し、その再編成を視野に動き出している。

3 ヨーロッパでの研究開発拠点

日本の自動車産業のヨーロッパでの研究開発拠点は、ドイツが主力と考えてよい。ドイツはこれまでも見てきたようにＶＷ、アウディ、ＢＭＷ、ベンツに代表される主力工場、研究開発拠点が数多くあり、それに従事する人材やその他の経営資源も他のヨーロッパ諸国と比べて豊富である。また自動車の部品製造で世界的な企業であるロバート・ボッシュ（Robert Bosch）はドイツにある。日本の自動車産業のアメリカでの研究開発拠点は、デトロイトを中心としたミシガン州に多く立地しているが、ヨーロッパではドイツである。

産業の発達とともに、研究開発力強化のために工場に隣接した形でＲ＆Ｄ機能を作り、今度はそれを独立させる形で周辺地域に作る。これは経済学では「集積の経済」という。つまり、ある産業がそこに集積することにより経営資源が有効活用され、さらなる集積となってその産業の発展を促すという好循環の経済である。つまり、ドイツはアメリカのデトロイトとともに世界の自動車産業のイノベーションの発信地であるといえる。そこには、自動車産業に従事する技術者、研究者、部品産業、そして今ではＥＶ開発に向けての経営資源が集積しているのである。日本の自動車産業も、ここに拠点を置くことにより、先端技術や他社情報の収集、技術者、研究者の確保などにおい

図表9-3　ヨーロッパにおける日本の自動車産業の開発拠点

イギリス	Honda R&D	Swindon
	Nissan Design	London
	Nissan Technical Center	Cranfield
ドイツ	Honda R&D	Offenbach
	Isuzu R&D	Ginsheim-Gustavsburg
	Mazda R&D	Oberursel
	Mitsubishi R&D	Trebur
	Toyota Technical Center	Koln
	Subaru Test Center	Fernwald
	Nissan Technical Center	Bruhl
イタリア	Suzuki Design	Turin
フランス	Toyota Design	Nice
ベルギー	Subaru R&D	Zaventem
	Toyota Technical Center	Zaventem
	Nissan Technical Center	Brussels
スペイン	Nissan Technical Center	Barcelona

出所：図表9-2に同じ。

て他国よりは容易となる。
一言に研究開発、R&Dといっても、Rの部分である研究（Research）とDの部分である開発（Development）の機能とに分かれる。日本企業の多くは、Rの部分は日本で行い、Dの部分はそれぞれの国・地域で現地に合わせ車の改良、改善を行っている。**図表9－3**はヨーロッパにおける開発拠点であるが、テクニカルセンターは工場の生産システムのサポート機能を担っている。デザインは車のデザイン全般に関する領域、ヨーロッパ各国でも微妙に違う車のデザイン、カラー、車内の装置に関する研究を行っている。ただ、デザインに関してはフランスやイタリア、イギリスなどのファッションの最先端を追求している国に置かれていることも特徴でもある。

多国籍企業の発展段階は、①輸出、②販売拠点の設立、③生産拠点の設立、④研究開発拠点の設立、⑤グローバルインテグレーションと分かれており、研究開発拠点の設立は４段階目にあたる。

多国籍企業は現地に工場を持つ（生産拠点を設立する）ことで本格化するが、次の段階で作る研究開発拠点では、研究開発のみにとどまらず生産活動に伴う生産技術の支援、現地に適応した微妙な車の改善や改良、さらには自動車開発の最先端地域に拠点を置くことによる技術モニターなど、幅広い役割を担う。

特に近年ではＥＶ開発をめぐり、ドイツはもちろん、アメリカ、ヨーロッパ、日本の自動車メーカー各社が、もともとバッテリー開発を行っていた企業と提携する動きが急速に広がっている。さらには、ＢＹＤをはじめとする中国のＥＶメーカーは、新興国から発するリバース・イノベーションの形で世界のＥＶ開発のリーダー的存在となっている。今やＥＶ開発は国境を越え、自動車産業の枠組みを超えて縦横無尽な提携関係を行いつつある。これはＥＶ開発のハード面だけでなく、ＥＶによって変わるソフト面の開発も含まれる。日本の自動車メーカー各社も、ＥＶ開発に伴うソフト開発の人材育成に向け本格的に動き出している。

第10章

グローバルで見た
フォルクスワーゲンとトヨタ

1 両社のルーツ

ＶＷとトヨタの両社は、世界の自動車販売台数からみても他より断トツに多い。両社ともに世界の主要地域に生産拠点を持ち、販売拠点は世界の隅々まで広がっている。車種においても大衆車から高級車まで取り揃えている。ＶＷはＶＷブランドとアウディブランド、トヨタはトヨタブランドとレクサスブランドである。創立の時期も、トヨタは１９３３年、ＶＷは１９３７年であるから、ほぼ同時期といっていい。

トヨタはその前身である豊田自動織機の自動車部門を独立したときが創立年となっている。豊田自動織機は、１９２６年に豊田佐吉が創立してから約７年後に、佐吉の息子である豊田喜一郎が自動車事業に参入した。したがって、２０２３年では創立90周年を迎えたことになる。

ＶＷはナチス・ドイツの国家政策ともいえるヒトラーの命令を受け、国民車構想からスタートした。国有企業の形でのスタートであったが、その実質的創立の役割を担ったのはフェルディナント・ポルシェである。ポルシェの影響力が株式の過半数支配（議決権株の50・５％所有）によって今日も続く、同族会社経営である。

他方、トヨタの株主構造は２０２２年では、金融機関・証券会社39・21％、外国法人等22・81％、その他法人25・22％、個人その他12・76％である。豊田家は数パーセントの所有であり大株主としての影響力はない。豊田家からはＣＥＯ（最高経営責任者）が多く出ているが、必ずしもすべて豊田家が就いているわけではない。２０２３年3月までＣＥＯだった豊田家の豊田章男氏（在任期間：2009-2023）は11代目のＣＥＯになるが、創立以降その間まで、豊田家から出ているのは５人、（創立者の豊田喜一郎、豊田英二、豊田章一郎、豊田達郎、そして豊田章男）である。そして２０２３年4月1日から、12代目のＣＥＯは豊田家ではない佐々木恒治氏になった。

2　販売台数の推移

創立90周年近くを迎えた両社であるが、今日の世界における販売台数はどのように推移してきているのであろうか。１９７０年代、１９８０年代、１９９０年代と世界の自動車産業のトップを走ってきたＧＭ、フォードは、２０００年代初めからその座を失いつつあった。世界最大の企業といわれたＧＭは、２０００年代終わりに破綻した（２００９年6月1日、アメリカ連邦破産法申請）。

それらと入れ替わるようにして世界の自動車市場に君臨するようになったのがＶＷとトヨタである。自動車メーカーの規模を表す目安として、販売台数５００万台、１０００万台といった単位がいわれるが、両社ともに２０１４年に１０００万台を超えた（ＶＷ：１０１３万、トヨタ：１０２３万）。ＶＷは２０１５年、前年のアメリカでの不祥事の影響で９９０万台とやや落ちたが、その後

図表10-1　VWとトヨタの世界販売シェア（2022年）

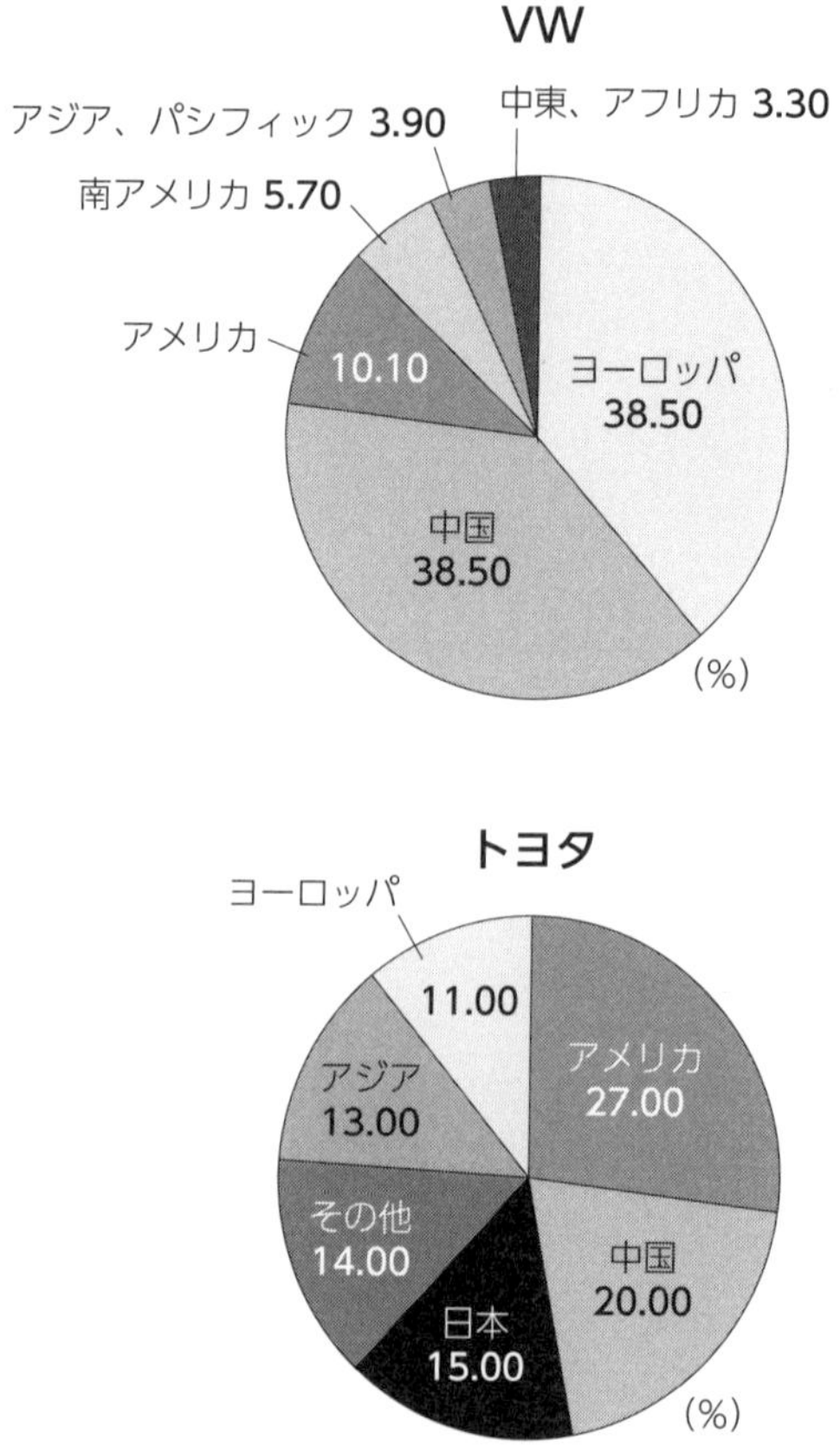

出所：両社の2022年アニュアルレポートをもとに筆者作成。

図表10-2　VWとトヨタの世界販売台数推移

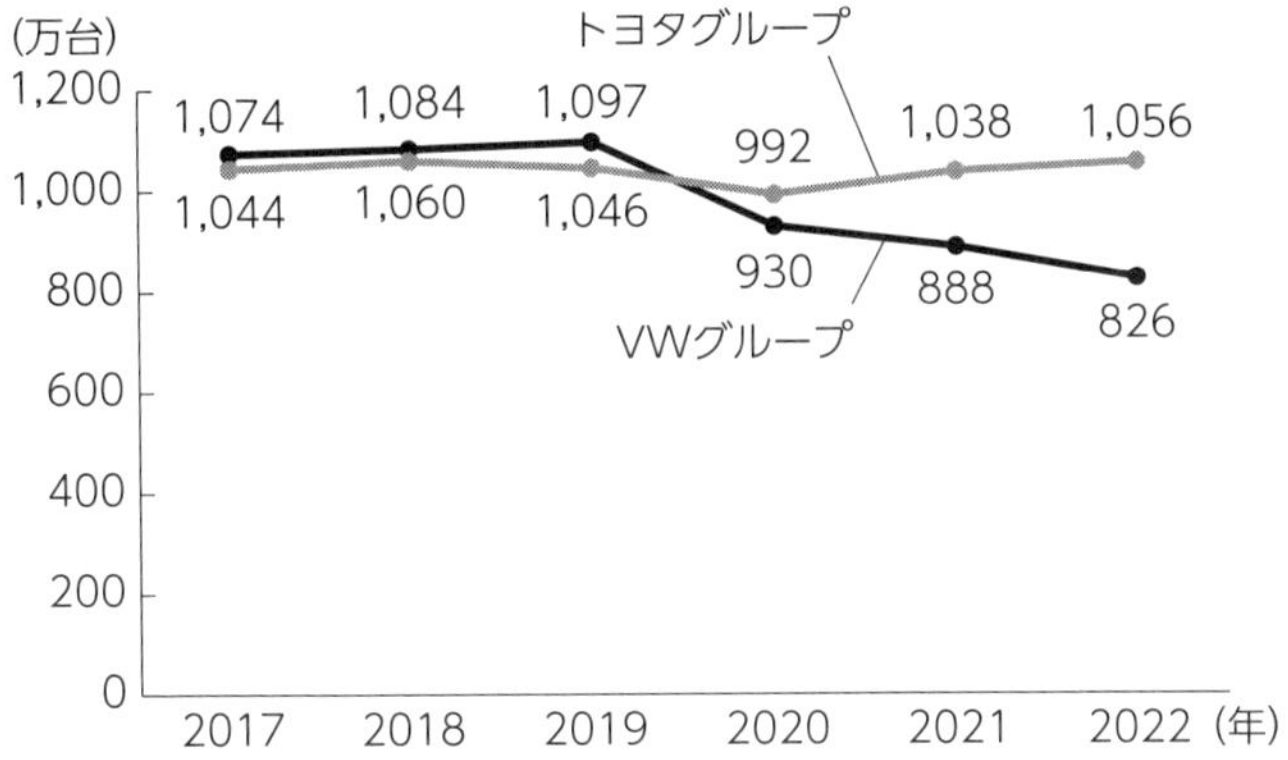

出所：図表10-1に同じ。

は２０１６～２０１９年まで１０００万台を維持してきた。しかし、２０２０～２０２２年にかけては１０００万台以下となっている。他方、トヨタは２０１４～２０１８年に１０００万台を超えて順調に推移してきた。２０１９年にコロナによるパンデミックと半導体不足で９５０万台とやや落ち込んだが、２０２１～２０２２年までは１０００万台を超え、ＶＷの販売台数を超えている。
グローバル市場で見ると、ＶＷはヨーロッパ、そして中南米、中国が強い。トヨタは本拠地である日本、そしてアジア、さらにアメリカで強い。アフリカはＶＷとトヨタはほぼ同じくらいである。アメリカではＶＷが10・10％に対しトヨタは27％、中国ではＶＷが38・50％に対しトヨタは20％となっており、世界最大の自動車市場といわれるアメリカと中国では、両社の割合が反対の関係にある（図表10－1）。ただ、アメリカは人口３億３０００万人で、自動車に関してはすでに成熟市場となっているのに対し、中国の人口は約4倍の14億人で成長市場にあることから、その潜在市場の規模は大きい。

3 内的成長と外的成長

企業の成長方式には、内部資源を活用して段階的に徐々に成長していく内的成長（Internal Growth）と、外部資源を取り入れて一気に成長発展を加速させる外的成長（External Growth）がある。前者は伝統的な日本企業の経営スタイルであるのに対し、後者はM&Aによって成長発展を図るアメリカ企業の経営スタイルである。本書のシリーズですでに紹介したスイスのネスレ、アメリカのジョンソン・エンド・ジョンソンは、M&Aによる外的成長で発展してきた企業である。[1] また、日本企業である内的成長の事例としてYKKを取り上げた。[2]
この戦略からすると、VWは第3章のVWの歴史（図表3－5）で触れたように、アウディをグループ化したのをはじめとして、ポルシェ、ベントレー、ブガッティ、ランボルギーニの高級車メーカー、チェコのシュコダ、商用車のMANやスカニア等をグループ化して発展してきている。他方、トヨタは内的成長を基本にしてきたが日野、ダイハツを傘下にし、スバル、マツダ、スズキとは相互資本提携の関係にある。ただ、VWもトヨタも自動車

1 拙著『すべてはミルクから始まった―世界最大の食品、飲料会社「ネスレ」の経営』および『“顧客・社員・社会”をつなぐ「我が信条」―SDGsを先取りする「ジョンソン・エンド・ジョンソン」の経営』。
2 拙著『YKKのグローバル経営戦略―「善の巡環」とは何か』。

図表10-3　VW、トヨタのグループ出資状況

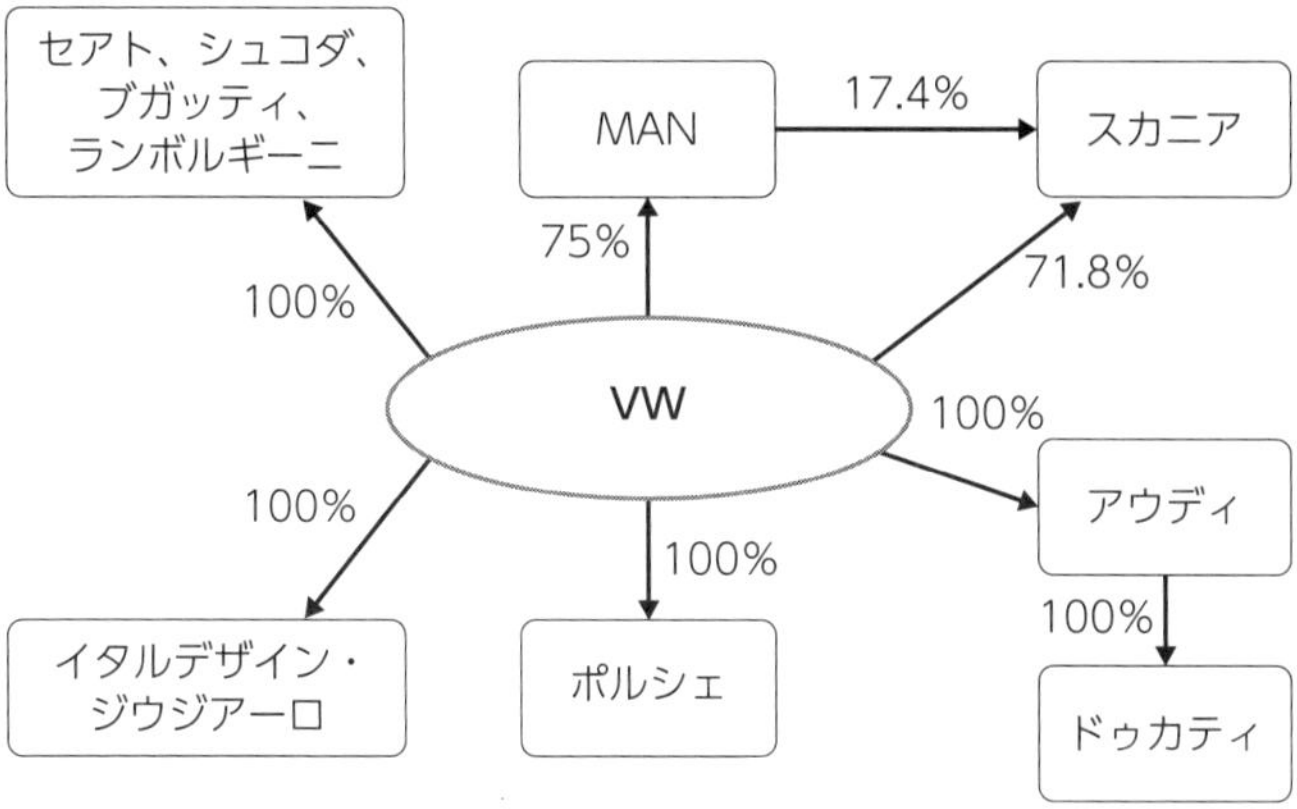

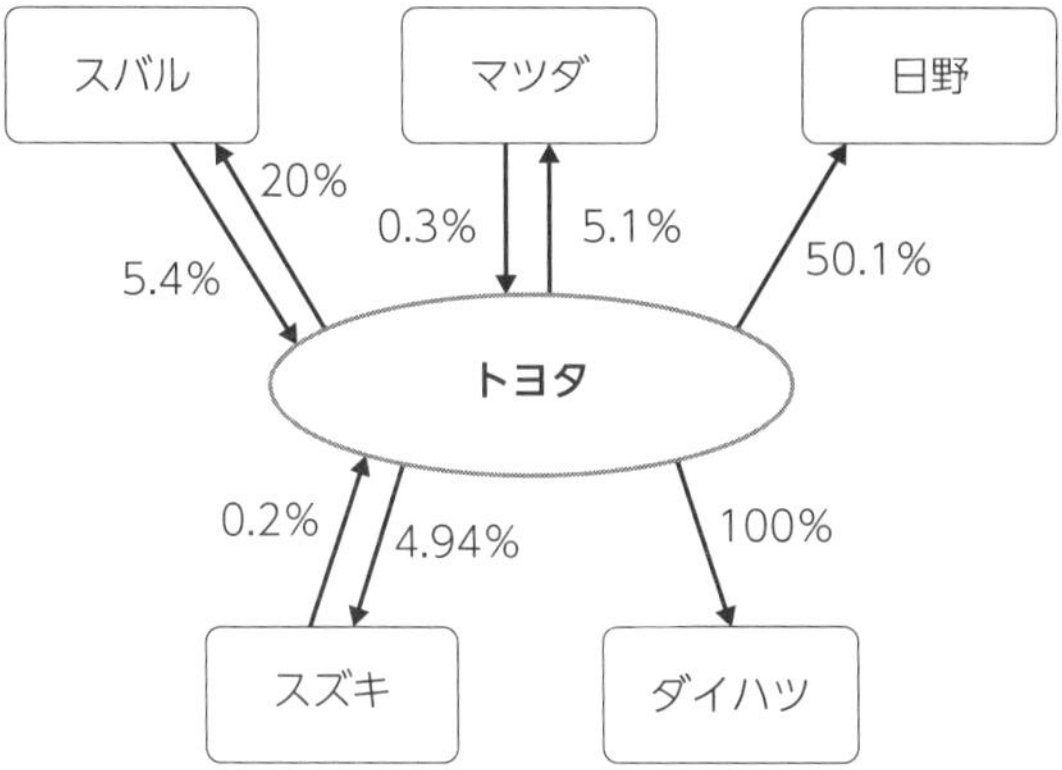

出所：筆者作成。

部品やEVの電池などの幅広い分野の資本出資関係はこの限りでない。図表10－3はVWとトヨタの現在の出資状況である。

4 ブランド戦略―アウディとレクサス

同じトヨタの車でありながら、トヨタブランドとレクサスブランドは違う。それは価格、豪華さ、顧客の抱くイメージの違いでもある。VWも同様に、VWブランドとアウディブランドは違う。しかし、トヨタは自社で新たにレクサスブランドを作り出したのに対し、VWは、もともとは別の会社であったアウディをグループ化することによってプレミアムブランドを作り上げてきた。

図表10－4はVWおよびトヨタのブランドポートフォリオである。この図では、商用車・二輪車を除く乗用車のブランドを、低価格車・大衆車・プレミアム・高級車の4つのカテゴリーに分けている。VWは大衆車としてはVWブランド、プレミアムにはポルシェ、アウディ、高級車にはベントレー、ブガッティ、ランボルギーニがあり、低価格車にはセアト、シュコダがある。これに対してトヨタはグループ会社であるダイハツの車が低価格帯で、大衆車であるのがトヨタブランド、プレミアムブランドに入るのがレクサスであり、高級ブランドに入るものはない。VWは、トヨタよりも幅広いブランドを持っていることがわかる。

2022年の販売台数で見ると、レクサスが約62万5000台に対し、アウディは約161万

図表10-4　VW、トヨタのブランドポートフォリオ

	VW	トヨタ
高級	ベントレー ブガッティ ランボルギーニ	
プレミアム	ポルシェ アウディ	レクサス
大衆車	VW	トヨタ サイオン
低価格車	セアト シュコダ	ダイハツ
商用車	VW商用車 MAN スカニア	日野
二輪車	ドゥカティ	

注：中国専用ブランドを除く。
出所：中西孝樹『トヨタ対VW―2020年の覇者をめざす最強企業トヨタとVW』2013年日本経済新聞出版、231頁の図の一部を抜粋。

4000台であるから、アウディはレクサスの3倍近い台数を販売している。[3]プレミアムブランドは収益性が高く、自動車会社のブランド戦略の屋台骨である。アウディは第6章でも触れたように4つの会社が合併してできた会社であり、大衆車とは違う高性能の車で成長した。VWはそれをグループ化した。この時点でVWブランドとアウディブランドは明確に違っていたのである。

これに対し、トヨタは大衆車であるトヨタブランド1つで行ってきた。アメリカ市場で大きく成長するのに伴い、1989年、当時の豊田英二会長の「ベンツやBMWを超える世界最高級車を作れ」の号令で、アメリカでスタートしたのがレクサスである。ブランドはアメリカで生まれたが、生産のほとんどは日本で行われており、レクサスは圧倒的な静寂性と信頼性を高いコストパフォーマンスで実現し、大成功を収めた。今でもレクサスはアメリカが最もよく売れている。2022年ではアメリカ約28万台に対し日本約4万台、中国約17万台、ヨーロッパ約4万台である。[4]今後、トヨタにとっての課題は、プレミアムブランドをどうグローバルに顧客を獲得していくかである。

このような視点からVWとトヨタを見ると、確かにここ3年では販売台数ではトヨタがVWより多い。トヨタはアジア、アメリカで強いのに対して、VWはヨーロッパ、中国で強い。収益力の高いプレミアムブランドではVWが多く持っているのに対し、トヨタはレクサスだけである。両社ともグローバル市場で事業活動を行っているが、潜在市場として

3 レクサスウェブサイト（https://global.toyota/jp/newsroom/lexus/38665516.html）およびアウディ・ジャパンウェブサイト（https://www.audi-press.jp/press-releases/2023/koer300000001h7x.html）より。
4 レクサスウェブサイト（https://global.toyota/jp/newsroom/lexus/38665516.html）より。

見込まれる中国やブラジル、インドではVWが多くの事業拠点を持っている。今、両社とも最も力を入れているのはEV開発である。EVでどちらが優位に立つかが成長の鍵である。

5　さらなる挑戦に向けて

(1) EV化へと進む日本各社

これまでも述べたように、日本の各自動車メーカーは長らく足踏みしていたが、ここ最近になり急速にEV化へと動き出した。
2023年4月に豊田章男社長に代わって指名された佐藤恒治CEOは就任直後、出遅れていたEV戦略について2026年までに10車種の新型EVを投入し、年間販売台数を150万台に引き上げ、EV投資額として30年までに5兆円を投じると発表した。具体的にはアメリカや中国で現地生産のEVを2025年までに3車種投入するほか、アメリカでの電池工場を増強する。また、ヨーロッパでは2026年の新車販売の2割をEVにする。ヨーロッパはカーボンニュートラルの意識が強く、EV6車種を投入して年間25万台の販売を目指す。[5]
日産は2030年度までに世界の新車の電動化比率で55％を目指している。EV、HVを開発の柱に掲げ、30年までにEVを含む27車種の電動化車両の投入を計画している。2028年以降は新

5 日本経済新聞、2023年12月4日。

車開発で搭載するエンジン機種を6割減らす。また、軽自動車やハイブリッド車向けに絞り、ガソリンエンジンの新規開発を中止する。

日産と提携関係にある三菱自動車も、2030年までにガソリンやディーゼル燃料のみで走行する新型車の開発を終了する。HVやプラグインハイブリッドの開発は続けるが、電動車主体の開発に舵を取る。2035年末までに電動車の販売比率を100%までに引き上げる。

ホンダは、1970年代にアメリカでの排気ガス規制に最初に合格した。近年ではインサイトというハイブリッド車をヒットさせ、EV開発では先進的企業であるといえる。5年間で5兆円を投じ、2030年までに世界でEVを年間200万台生産する計画である。

(2) VWとトヨタの今後

VWとトヨタについて、両社の創立のルーツ、現在の販売台数、グローバルマーケットの割合、ブランド構成についてみてきた。両社は世界の自動車メーカーでも二強の存在であり、その戦略の行方が注目されている。両社の特徴として車種は大衆車から高級車まで幅広く手がけ、世界の販売台数は近年1000万台前後で推移している。グローバル市場では中国はVWが強く、トヨタはアメリカに強い。ブランド構成についてはプレミアムと言われる高級車ではVWがいくつかのブランドを持っているのに対し、トヨタはレクサスの一車種である。

成長戦略ではVWは早くからアウデイのグループ化、また国境を越えてイギリス、イタリアのスポーツカーのグループ化、スウェーデンやドイツのトラック・バス部門のグループ化、また独立会社だったポルシェを吸収合併するなど外的成長戦略も基本にある。これに対してトヨタは基本的に内的成長を基本にしながらも国内自動車メーカー（ダイハツ、スバル、マツダ、日野自動車）とのグループ化を行ってきている。

そして、ここにきて世界的な脱炭素化への規制が強まる中でのＥＶの開発競争である。自動車産業は巨大産業であり、このモビリティ基盤を基本的に変えることは国家のエネルギー政策と関連する政治課題でもある。ＶＷは２０３５年までのＥＵ規制に対応してＥＶ開発を強力に推し進めているが、トヨタは一歩それに出遅れていると言われてきた。

長期的に産業の流れを見据えた企業の戦略転換は内発的に変わらなければならないが、他方で何かが引き金となって一気に変わることがある。その引き金は外からのさまざまな形の外圧もある。産業政策の流れとしてドイツには「緑の党」という環境問題の先頭に立つ政党が脱炭素化を進めてきた。

ＶＷは早くからこの流れに対応したＥＶ開発を行ってきたが、そのさらなる引き金となったのが２０１７年に発覚したカリフォルニアでの排気ガス不正問題である。この事件は世界中に伝播しＶＷにとって大打撃になった。ＶＷジャパン社長のシェーパース氏は筆者とのインタビューで「高い授業料を支払ったが、これを契機に社運をかけたＥＶ開発へと一気に進んだ」と述べている。

トヨタはＥＶに近いハイブリッド車の成功体験によって、そこからの完全ＥＶ化シフトに時間がかかっている。しかし、トヨタもここで変わらなければならない。先に述べた２０２３年4月の社長交代はその戦略転換を託したメッセージであり、新社長もＥＶ化を鮮明にした。日本の他の自動車メーカー各社も舵を切り始めている。

ただ、ＥＶ化はそれを支えるインフラ設備と表裏一体である。電力の供給源も脱炭素である風力、太陽光、地熱などの自然エネルギーに代替していかなければならない。これを変えるためには、トヨタだけでなく日本における自動車産業全体の転換を、国家のエネルギー政策と併せて考える必要がある。ドイツは国家政策としてもこの流れを推進してきており、日本の産業政策も、この流れを国家戦略として捉えなければならない。

両社の成長を支えてきた中国市場であるが、中国発のＥＶメーカーの台頭によって両社の販売台数は減少してきている。両社がＥＶを開発したとしても、それをただ生産すれば良いというものではない。グローバル市場のどこで、その販売価格やクオリティ、ブランド力をもってどのような販売戦略を展開し、国際競争力を高めていくかが今後の鍵となる。

まさに今世界の自動車メーカーは１００年に1度という大変革期の中にいる。大きな産業の流れを見失うことなくさらなるイノベーションに挑戦することが、今、求められている。

あとがき

２０２３年５月、筆者はブルガリアの首都、ソフィアを訪れた。今回で４度目になる。国立ソフィア大学の経済経営学部の大学院ビジネススクールで、組織論の科目の中で、日本企業のヨーロッパ進出の事例を交えながら「日本の経営」について講義している。２０１８年はＡＧＣ（旧旭硝子）によるベルギーのグラバーベルの買収、２０２１年は日産とルノーとの提携、２０２２年はキッコーマンのグローバル戦略を紹介した。２０２３年の今回は日本自動車工業会ブラッセル事務所の協力でブルガリア・トヨタの代表に話をしていただいた。

この講義はＭＢＡ授業の最終回にあたる毎年６月初めに行われる。最終回なので科目取得の大学院生だけでなく、日本ブルガリア・ビジネス協会（ＪＢＢＡ）の方々も出席するため賑やかになる。また、講義の後はＪＢＢＡがスポンサーとなり、日本の寿司をつまみながらみんなで懇談する機会もあり、ソフィア大学でも良い国際交流イベントになっている。

ブルガリアはトルコ、ギリシャ、ルーマニア、セルビア、北マケドニアに囲まれ黒海にも接している。また、東西にバルカン山脈が通っており、ブルガリアを含めたこの地域はバルカン地域、バルカン半島とも呼ばれる。国土は日本の3分の1ほどで、人口は６９０万人ほどである。１９８９年の「ベルリンの壁」崩壊の時点では９００万人ほどだったが、年々人口が減ってきている。首都ソフィアでも、アパートやビルなどの空室を目にする。産業構造は第3次産業が多く、観光やソフトウエア、ハイテクに力を入れ、１人当たりのＧＤＰは伸びてはいる。ＥＵにはルーマニアやハンガリーと並んで２００７年、最後の方に加盟している。通貨はまだユーロになっておらず、２０２４年ごろの導入を目指している。

ソフィアはブルガリの首都でありながら小さな街である。空港から街の中心地まで、車でも地下鉄でも10分ほどで行ける。ソフィア空港からヨーロッパの主要都市へは飛行機で2~3時間で行けることから、地理的には便利である。

ソフィアの交通事情は、旧社会主義時代に国家の指導のもとで作った道路や公園、そして街路樹は整備されているが、壊れた道路の修復は時間がかかっている。また、ブルガリはアジアやアメリカと違い、日本車はあまり目にしない。多いのはＢＭＷ、アウディ、ベンツ、ＶＷ、ルノーなどのヨーロッパ車である。たまに目にするのは韓国の現代、日本のトヨタ、日産、ホンダ、マツダ、三菱、スズキなどである。ただ、ブルガリア・トヨタの話では、日本車の中ではトヨタがトップである。トヨタはイギリス、フランス、チェコ、ポーランドで工場を持っており、ブランド力も強くヨーロッパ市場に大きく浸透している。ソフィア大学で話をしてくれたブルガリア・トヨタの代表Ventsistav Gashews 氏は、ブルガリアにおけるトヨタ車の人気の理由として価格、信頼性、中古車でも良い価格などを挙げ、氏は20年間ここで働いていると話していた。一方、旧東ヨーロッパ諸国で追い上げてきているのは、韓国の現代自動車である。ヨーロッパの自動車市場は、ＥＶ開発と韓国車への戦略的対応が大きな鍵になるに違いない。

ブルガリアといえば、ヨーグルトとバラが想起される。

「明治ブルガリアヨーグルト」はあまりにも有名であるが、これは、１９７０年に開催された大阪万博で、ブルガリア館が自国の日常食となっているヨーグルトを紹介したことが契機となっている。ブルガリア南部、ギリシャに近いスモーリアン地方の村の住民がみんな長生きであることに、当時のソ連の科学者が疑問を抱いた。その要因を探ったところ、ヨーグルトにあったという（後にその科学者はノーベル賞を受賞している）。ブルガリアは、この食べ物を海外にも広めようと大阪万博で紹介した。これを明治が商品化して「明治ブルガリアヨーグルト」のブランドで広めていったのである。今や東南アジア各国でもこのブランド名で広まっている。

また、ブルガリアは「バラの国」としても有名である。フランス製の化粧品や香水は、多くのブルガリアのバラを使っているといわれる。ブルガリアの首都ソフィアから車で3時間ほどのカザンラクというところがあり、ここはバラ栽培の中心地である。毎年6月初めにはバラ祭りが行われ、世界各国から見学者が訪れる。バラは背丈ほどの大きさで、機械で摘むことはできないため、花は手で摘んでいく。このようにして摘んだバラは自然の香りで、特に高価なローズオイルは金よりも高い値がつけられている。

本書はVWジャパンの協力で書くことができた。2022年7月頃は、日本もドイツもパンデミックがまた収まらない時期であったが、VWジャパンの協力でドイツ本社の訪問、工場見学を特別にアレンジしていただいた。このような調査研究は本やオンラインだけではできない対面インタビューの成果である。ご多忙の中、ご協力いただいた関係者の方々に心から感謝したい。

＊インタビューさせていただいた方々
フォルクスワーゲン・グループ・ジャパン（株）
社長　マティアス・シェーパース氏
企業広報プロジェクトマネージャー　ドロテア・ガストナー氏
テクニカルセンターマネージャー　平岡勝男氏
サービス業務担当　奥中徹氏
ドイツ本社広報担当　Mr. Hassan Bedzoro　Ms. Buchungen Per
日本自動車工業会　欧州事務所長　沢田豊氏
日本自動車工業会　北京事務所長　上野忠志氏
ジェトロ　ミュンヘン事務所長　高塚一氏　大河原カエデ氏

２０２３年６月

ブルガリア　ソフィア大学の研究室で　高橋浩夫

参考文献

ACEA (European Automobile Manufacturers' Association), *The Automobile Industry Pocket Guide 2021/22.*
BMW Group, Annual Report 2022.
Mercedes-Benz Group, Annual Report 2022.
Volkswagen, Annual Report 2022.
宇沢弘文『自動車の社会的費用』岩波新書、１９７４年。
大島隆雄『ドイツ自動車工業成立史』創土社、２０００年。
奥野卓司「ドイツの自動車産業におけるＩＴＳと環境技術─自動車文化の国際比較」『関西学院大学社会学部紀要』第86号、２０００年。
香住駿『ＶＷの失敗とエコカー戦争─日本車は生き残れるか』文藝春秋、２０１５年。
熊谷徹『偽りの帝国─緊急報告・フォルクスワーゲン排ガス不正の闇』文藝春秋、２０１６年。
齋藤毅「フォルクスワーゲンの賃金・人事制度─生産現場の制度と慣行に関する実態調査報告」『評論・社会科学』同志大学社会学会、２０１２年。
鈴木均『自動車の世界史─Ｔ型フォードからＥＶ、自動運転まで』中公新書、２０２３年。
高橋浩夫『研究開発のグローバル・ネットワーク』文眞堂、２０００年。

高橋浩夫『すべてはミルクから始まった―世界最大の食品、飲料会社「ネスレ」の経営』同文舘出版、2019年。

高橋浩夫『〝顧客・社員・社会〟をつなぐ「我が信条」―SDGsを先取りする「ジョンソン・エンド・ジョンソン」の経営』同文舘出版、2021年。

高橋浩夫『YKKのグローバル経営戦略―「善の巡環」とは何か』同文舘出版、2022年。

高橋浩夫『最新「国際経営」入門　第2版』同文舘出版、2023年。

中西孝樹『トヨタ対VW―2020年の覇者をめざす最強企業』日本経済新聞出版社、2013年。

日本経営倫理学会編『経営倫理入門―サステナビリティ経営をめざして』文眞堂、2023年。

日本自動車工業会『2020年版　日本の自動車工業』。

細谷浩志「欧州自動車産業の電動化戦略の現状と課題」『産業学会研究年報』第35号、2020年。

古川澄明「フォルクスワーゲンヴェルクの成立過程（1）」『六甲台論集』第26巻第2号、1979年。

吉森賢『西ドイツ企業の発想と行動』ダイヤモンド社、1982年。

吉森賢「フォルクスワーゲン社とポルシェ社―同族統治と企業統治の狭間で」『横浜経営研究』第35巻第4号、2015年。

【著者紹介】
高橋　浩夫（タカハシ　ヒロオ）
白鷗大学名誉教授、ソフィア大学客員教授（ブルガリア）、中央大学博士
多国籍企業学会・日本経営倫理学会名誉会員ほか
〔研究領域〕多国籍企業論、国際経営論、経営倫理

〔主要著書〕
『最新「国際経営」入門（第2版）』同文舘出版、2023年。
『YKKのグローバル経営戦略―「善の巡環」とは何か』同文舘出版、2022年。
『“顧客・社員・社会”をつなぐ「我が信条」：SDGsを先取りする「ジョンソン・エンド・ジョンソン」の経営』同文舘出版、2021年。
Everything Originated from Milk : Case Study of Nestle, World Scientific Publishing, 2021.
『すべてはミルクから始まった：世界最大の食品・飲料会社「ネスレ」の経営』同文舘出版、2019年。
The Challenge for Japanese Multinationals: Strategic Issues for Global Management, Palgrave Macmillan, 2013.
ほか多数。

2024年2月22日　初版発行　略称：VW経営

いま、車が変わる
―フォルクスワーゲンの経営戦略―

著　者　Ⓒ高　橋　浩　夫
発行者　中　島　豊　彦

発行所　同　文　舘　出　版　株　式　会　社
東京都千代田区神田神保町1-41　〒101-0051
営業（03）3294-1801　編集（03）3294-1803
振替 00100-8-42935　https://www.dobunkan.co.jp

Printed in Japan 2024
DTP：マーリンクレイン
印刷・製本：萩原印刷
装丁：志岐デザイン事務所

ISBN978-4-495-39084-6

JCOPY〈出版者著作権管理機構 委託出版物〉
本書の無断複製は著作権法上での例外を除き禁じられています。複製される場合は，そのつど事前に，出版者著作権管理機構（電話 03-5244-5088，FAX 03-5244-5089，e-mail: info@jcopy.or.jp）の許諾を得てください。

グローバル企業の経営を学ぶ

すべてはミルクから始まった
―世界最大の食品・飲料会社「ネスレ」の経営―

高橋浩夫・著

四六判　208 頁
税込 2,090 円（本体 1,900 円）

"顧客・社員・社会" をつなぐ
「我が信条」
―SDGs を先取りする「ジョンソン・エンド・ジョンソン」の経営―

高橋浩夫・著

四六判　212 頁
税込 2,090 円（本体 1,900 円）

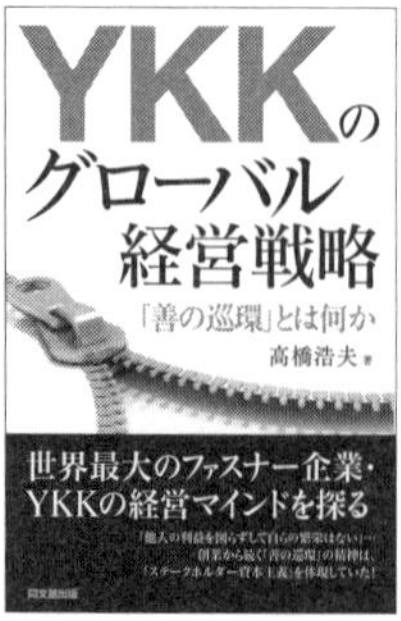

YKK のグローバル経営戦略
―「善の巡環」とは何か―

高橋浩夫・著

四六判　188 頁
税込 2,090 円（本体 1,900 円）

同文舘出版株式会社